属于我的
星座风水装修

[韩]李商仁 ◎ 著
程郑芬　　◎ 译
刘　茵

湖南美术出版社

将个人星座与室内风水装修相结合的风水新概念咨询

顶级室内风水装潢专家李商仁博士的特别建议

属于我的星座风水装修

前言 Prologue

适合自己的风水装修可以改变生活

所谓人生，就是一段在黑暗中变化层出不穷的旅程。如果一个人在处处都充满着不确定性的生活中认为前路总是荆棘丛生，生活总是充满不幸的话，那么他的人生就是失败的；但若能不论喜恶，不逃避已经出现在面前的障碍，正面接受挑战的话，那么恭喜你！你已经踏上了通往胜利的征程。

当你用包容的目光来看待这个世界的时候你就有了成功的可能。包容就是自己已经理解了周围的环境，并且在变化的波涛中积极地寻找适合的应对方法，在不能逃避的东西来到眼前的瞬间，赌上自己所有的一切去一决胜负。

为了实现自己的目标不断地行动，不断地挑战，当欲望可以畅通无阻地喷薄而出时，就会得到所谓的成功。换句话说，只有当人们在自己所处的环境中竭尽所能，将人类所拥有的能量发挥到极致的时候才能够得到幸福。

神，会将等同于付出的幸福赐给人们，并且给予那些勇于打破框架、正面思考、积极挑战的人们更多的幸福。

为了拥有勇于正面挑战的精神，就应该要先行一步，必须要好好地处理自己所处的环境，因为人类比较容易受到周围环境的影响。

人们将与周围环境相协调的方法称为风水。风水的基本法则就是与自身的居住环境相适应并将其布置得更美观大方，这也是我们通常所说的风水装修。因此人们为了让既定的生活拥有更多的幸运，应该对风水装修有所关心。

比较重要的一点是：每个人必须要有适合自己的风水装修。对别人有益的东西并不一定对自己也好，因为对别人来说有价值的东西对于自己来说并不一定有同等的价值。

比方说，在清澈的水里生活的鱼在不洁净的水里无法存活，同样地在污浊的水里生长的鱼也无法适应清澈的水源。人类也是一样，当环境发生变化时，鱼类很快就会产生反应，而人类则是以自己意识不到的速度在慢慢地发生变化。

这个原因成了笔者写本书的契机，即《属于我的星座风水装修》。与以往出版的图书不同，以往出版的图书给不同的人千篇一律的风水装修指南，而本书则是依据每个人的星座，根据每个人的气质特点给予对应的风水装修建议。

本书同时也试图帮助人们根据自己的气质特点去创造一个适合自己的生活环境，并在新环境中得到新的能量，为自己既定的命运开拓出一片崭新的天地。即给予那些想将自己生活变得更美好，更生机勃勃的人们一些具体的帮助。

此书依据各个星座的特性，相互对比得出最适合的家庭空间，告诉人们怎样才是最适合自己的装修。人们可能会这样想：这对于独居的人来说很容易实现，但是对于星座不同的夫妻或者同居者来说多少有点牵强了吧？若在这种情况下，请以更需要

前言

属于我的星座风水装修

好运的人为基准改善身边的环境。

　　比如说门廊，如果认为自己的名声或者人际关系更需要改善的话，在不破坏对方运势的情况下，最大限度地将门廊装修成适合自己的样子。再比如说寝室，如果与自己比起来，伴侣需要更多的生机与活力的话，请以伴侣的星座为基准装修你们的寝室。

　　当你翻开这本书的一瞬间，就能找到你的希望。似乎无论如何都不会变好的疲惫生活已经开始点燃希望的火花。

　　拥有12星座独特气运的你，现在开始，向只为你而写的《属于我的星座风水装修》出发吧。

石　波　李商仁

2008年4月

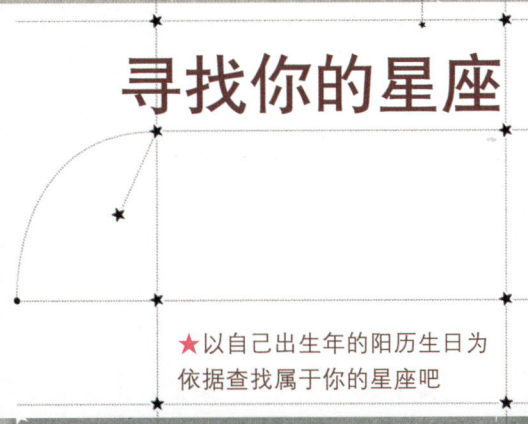

寻找你的星座

★以自己出生年的阳历生日为依据查找属于你的星座吧

牧羊座 aries　　3/21～4/20

4/21～5/20　金牛座 taurus

双子座 gemini　　5/21～6/21

6/22～7/22　巨蟹座 cancer

狮子座 leo　　7/23～8/22

8/23～9/23　处女座 virgo

天秤座 libra　　9/24～10/22

10/23～11/22　天蝎座 scorpio

射手座 sagittarius　11/23～12/24

12/25～1/19　摩羯座 capricorn

水瓶座 aquarius　　1/20～2/18

2/19～3/20　双鱼座 pisces

目录

前言
适合自己的风水装修可以改变生活 …………………004
寻找你的星座 …………………………………………007

Part1　适合自己的风水装修第一步
何谓风水装修 …………………………………………015
必知的风水原理 ………………………………………016

Part2　左右命运的空间——门廊
吉凶祸福的起点，门廊的风水装修 …………………024
火向星座 ………………………………………………028
土向星座 ………………………………………………031
风向星座 ………………………………………………034
水向星座 ………………………………………………037

Tip:生机涌动的门廊方位装修要点 …………………040

Part3 左右成功的空间——客厅

召唤生活活力的客厅风水装修 ·················045
本位星座——活跃的星座 ·················050
固定星座——静寂的星座 ·················054
变动星座——感性的星座 ·················058

Tip：幸运之神眷顾的客厅方位装修要点·················062

Part4 设计人生的空间——寝室

积蓄爱的空间——卧室风水装修·················066
牧羊座 aries：3/21～4/20·················070
时而像波涛，时而像露珠
金牛座 taurus：4/21～5/20·················077
时而像防腐剂，时而像灯塔
双子座 gemini：5/21～6/21·················084
时而像云，时而像风
巨蟹座 cancer：6/22～7/22·················091
时而像棉花糖，时而像烛火
狮子座 leo：7/23～8/22·················098
时而像太阳，时而像皇帝
处女座 virgo：8/23～9/23·················105
时而像一面镜子，时而似一杆秤

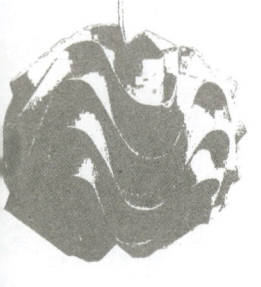

天秤座 libra：9/24~10/22 ·················112
时而艺术，时而淫邪
天蝎座 scorpio：10/23~11/22 ··············120
时而像玫瑰，时而像百合
射手座 sagittarius：11/23~12/24 ············127
时而像大海，时而像小溪
摩羯座 capricorn：12/25~1/19 ··············134
时而像岩石，时而像泰山
水瓶座 aquarius：1/20~2/18 ················142
时而像春风，时而像暴雨
双鱼座 pisces：2/19~3/20·················149
时而像海市蜃楼，时而像彩虹

Part5 左右人们健康的空间——浴室、卫生间

完美幸福的浴室、卫生间风水装修 ···············158
春天的星座 ······························162
夏天的星座 ······························164
秋天的星座 ······························166
冬天的星座 ······························168

Tip:不同方位浴室、卫生间的健康——用颜色守卫 ········170

Part6 不同愿望的风水设计咨询

- 在陌生的地方寻求幸运的饰物风水咨询 …………174
- 为了漂亮和苗条而设计的室内风水装修 …………177
- 提升搬家运的风水咨询 ……………………………180
- 能使心灵安静的风水装修 …………………………183
- 提升人际运的风水室内装修秘诀 …………………186
- 提高结婚指数的风水装修技术 ……………………188
- 大发横财的风水室内装修技巧 ……………………190
- 提升中奖运和考试运的风水室内装修 ……………193
- 预防交通事故的风水咨询 …………………………197
- 提升职场运的风水室内装修技术 …………………200
- 使气流顺畅的风水室内装修 ………………………205
- 驱赶厄运的室内风水装修 …………………………208

附录：有关风水装修的一些问题Q&A 40

- 必须知道的风水装修的运用Q&A10 ………………211
- 关于恋爱运的疑难问题Q&A10 ……………………213
- 关于财运的疑难问题Q&A10 ………………………215
- 关于健康的疑难问题Q&10 …………………………217

任何事物都有自己的能量，这些能量会对我们产生很大的影响，所以我们要找到大自然中流动的气场，在阻挡不好的气场的同时，还要利用有益的气场，去创造使我们的身心变得更加的健康的居住环境。这种创造有益环境的生活科学就是通常所说的风水。那么，从现在开始，让我们和厄运说Bye bye，向充满好运和幸福的风水装修世界进军吧！

适合自己的风水装修第一步

Part1

何谓风水装修

现代人的大多数时间都是在室内度过的。无论是事物本身还是其摆放方式都会产生气场。当我们待在室内的时候，就会受到这种气场的影响。影响气场的主要因素包括建筑物的方位、规模、布局、形态以及附近的道路、与其他建筑物的关系、建筑物的材料和颜色、建筑物内部物品的形态和方位、家具的种类和装饰等等。即使是方位相同的空间，家具和小物品，对不同的人也会产生不同的影响。风水装修就是这样充分利用我们身边的风水，让我们的生活变得更加健康多彩。

风水装修是这样一种生活科学：不论是谁，只要稍微努力就可以轻易将身边的环境调整成适合自己的风水。事实上大家都有这样的经历：换掉家里的小镜框，或者改变一下窗帘的颜色，自己的心情就会大大不同。

风水装修正是研究这种可以感受得到的生活学问，它既没有否认造物主的权威，也不违背宗教的教理。简单地说，风水装修就是告诉那些希望得到幸福的人们一个达到目标的捷径。风水装修的作用并不是让人们忍受生活中的不便，而是使真正的便利遍布生活中的每一个角落。

对待现代风水必须持有正确的态度：首先，使现在的环境尽善尽美；其次，将周围的环境改造成适合自己的风水。实际上风水就是活用事物的方位属性，即使只是调整家具的位置也能为人们制造幸福的生活，所以现在也将风水装修称为"环境开运学"。

必知的风水原理

人类是自然的一部分，风水地理学基本思想即源于此。活人所居住的阳宅和死人所居住的阴宅都是在风水原理的基础上巧妙地实现了与自然的结合。

阴的本源是地，阳的本源是天，它们的生成变化过程导致气场能量流动的产生，而气场能量流动会给人们带来了直接的影响，这就是风水理论的原理。换而言之，气场就是世界上所有生命体产生、变化、发展的源动力。

气场可以使人们获得幸福的生活，当然气场也有可能给人们带来不幸。天地人三者之间存在着密切的联系，人们受到天运和地势的影响，因为人被认为是与万物根源性的生命力所结合而成的生命体。

由天文学发展而来的五行论是风水学说的另一个原理。五行论既指宇宙运行的元气，也指象征着万物的金、木、水、火、土五行之气。

根据五行论的说法，宇宙中移动的星斗对人类会产生极大的影响，并且和各人的命运也有着很大的关系。太阳系的行星和自然界中肉眼可见的物体，以及这些物体所散发出来的磁力、引力、微波等肉眼看不见的东西之间存在着直接或间接的影响。所以人们的生活总是不可避免地直接或者间接受到星斗移动以及自然界中物体的影响。

比如说同一种植物，将其放置在不同的环境中，一段时间后再去观察它的时候，就会发现它的生长状态有所不同。又比如说在使用收音机或者手机时，场所和方向的改变也会对信号的接收产生影响。再比如说有时当我们进入一个陌生的环境时却有一种似曾相识的感觉，并不感到陌生。这些现象，都是因为无形的气场对我们产生了作用。

我们运用风水的目的是使身体的能量与这些流动的气场相协调，帮助人们过上更幸福平安的生活。运气的好坏和人们的生活环境密切相关，即使只改变家俱和小物品的位置，人的心情也会大大地改变一样，将宇宙万物中最好的气运召唤到家中，让我们能够幸福地生活是风水装修的基本理论。

在现代社会中，风水装修就是能够改变命运的环境开运学。为了能够拥有溢满幸福的人生，首先要改变的就是离我们最近的环境：居住环境 。在现有的条件下，把我们能做到的一切做到最好，并且寻找到与自己的气质特性相适应的风水装修，使我们的生活更加地安宁闲适。

*家的中心就像心脏一样可以左右家里的气场

一般来说，站在家的中心看，客厅的窗户朝东面开的话就称为东向屋，窗户朝南面开的话就称为南向屋。

那么家的中心和方位为什么如此重要呢？让我们来看看理由。例如狮子座，这是一个充满了热情和激情的星座，如果想要稍微冷却一下这种激情的话，那么就需要冷气场流动的北方气场。

如果要知道家的方位就必须先确定家的中心。家的中心汇集了家中所有的气运，是家的核心，其重要性无与伦比，用身体来比喻的话，家的中心是与身体的心脏一样处于非常重要的位置，因此平日里不要将重的、烫的以及不祥的东西放在家的中心。

* 如何寻找家的方位

1. 准备好指南针，软尺以及量角器。
2. 找一份自家的平面图，如果没有的话请将门廊、客厅、寝室、厨房等手绘下来，如果居住在公共住宅，应包括室内所有的空间，但如果是独门独院的话，庭院、车库以及外部库房可以忽略不计。
3. 家的形状如果是四角形，将平面图上的东与西相连，南与北相连，两条线交汇成直角的地方就是家的中心，也就是幸运的空间。 如果家的形状不是四角形的话，那么就在厚实的纸上绘出家的平面图，接着在锥子或者铅笔等一端尖锐的物品上放上家的平面图，能够均衡的支撑起平面图的支点就是家的中心。

一般来说，家的方向要根据窗的位置来决定。

4.找到家的中心后，将平面图上家的中心放在实际的家的中心上，并在平面图的家的中心上摆放好指南针。

5.将指南针摆放在家的中心，指针指向N这个方向就是北，通过中心的正对面就是南，将南和北分别标示出来，并用直线将南北连接起来。与此直线成90度角的正右方是东，正左方是西。在平面图上将东西、南北的直线绘出，并且直线一定要通过家的中心。

6.东西南北四个方位之间所形成的空间，我们将其分别称为东北、东南、西北和西南，其中东北和西南是利鬼门，就像它的名字一样，这两个方位是鬼怪常常出入的的方位，因此在风水中有重要意义。

7.要知道家的方位，只要看客厅的窗户在什么方向即可。一般来说，客厅的窗户在东面的话就称为东向屋，窗户在南面的话就称为南向屋。

* 寻找寝室的方位

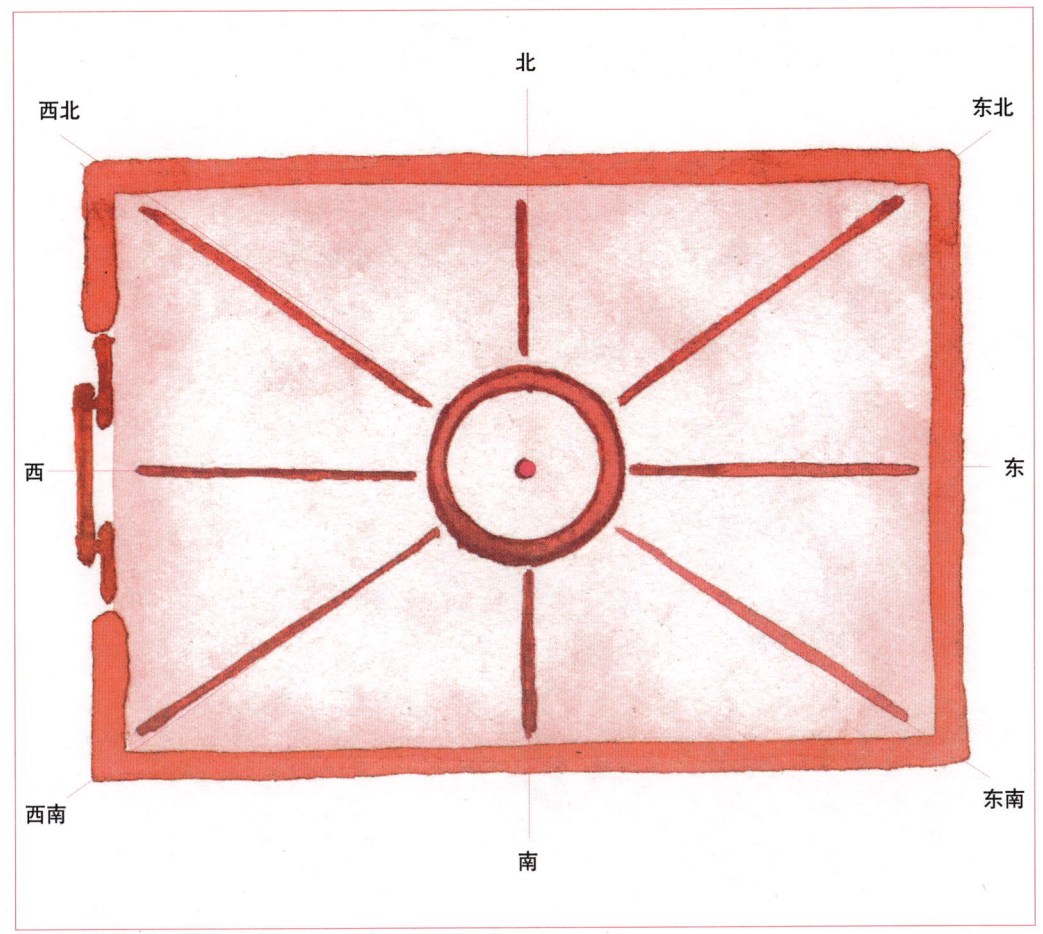

本文所说明的这种风水方法也可用于选找寝室或者其他空间的方位。

如果想找一个合适的地方摆放家具和小物品,那么就必须先找出各个空间的方位,寻找方位的方法:把指南针放在空间的中心位置上,由此来确认此空间的东南西北。然后在平面图上标出方向以及现在家俱摆放的位置,将家俱和物品摆放在能给自己带来好运的理想位置上。

✱ 方位的属性和特征

风水装修非常重视自然界太阳的移动，以中央的1宫为基点分为8个方位。1宫+8方位，9个方位都有各自固有的属性，支配着不同的气运。

比如说太阳升起的东方，象征着万物伊始，也意味着年轻的朝气和勇于挑战的精神。而在太阳落山的西边，因为其浪漫的气氛而象征着谈话和恋爱。正午太阳气势强烈，因此南边象征着社交运和热情。没有星斗的北方，因为与隐秘和掩藏相关，所以成为了可以左右储蓄以及信赖这两个方面的方位。

下表罗列出了各个方位所支配的气运，并且整理出了各方位的幸运色和健康状况等。你可以通过看表将适合自己或者自己需要的，比如金钱运、健康运等关心的气运查找出来，然后使用与自己星座气质相一致的颜色和方位，就能得到自己想要的运气，就会更容易更迅速地接近自己的目标。

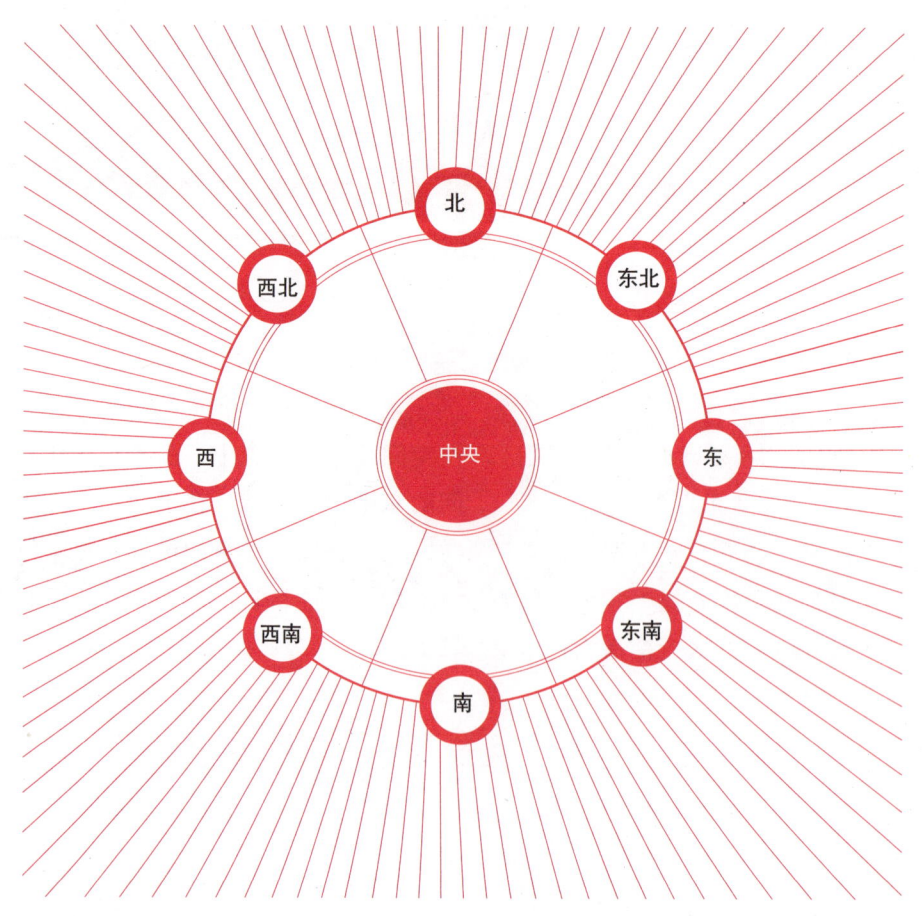

方位		
东	好运	发展,青年,情报,创作,开拓
	霉运	衰退,虚弱,灾祸,火灾
	健康	忧郁症,恐惧,心、肝、胆疾病
	幸运色	淡绿色,粉红色,紫色,蓝色
东南	好运	结婚,商议,人际关系,胜诉
	霉运	退婚,决裂,败诉
	健康	感冒,神经痛,椎间盘突出,脑溢血
	幸运色	橘黄色,草绿色,红色,灰褐色
南	好运	升迁,名誉,学问,直觉,交际
	霉运	减薪,离别,犯罪,冲突
	健康	失眠,心脏病,传染病,食欲不振
	幸运色	红色,橘黄色,草绿色,白色
西南	好运	勤奋,宽容,安定,顺从,母爱
	霉运	欲望,丢脸,诱惑,自卑
	健康	肠胃病,痴呆,神经痛,精力衰退
	幸运色	褐色,藕荷色,黄色,灰色
西	好运	收获,财物,谈话,恋爱
	霉运	隐退,堕落,挫折,浪费,遭口舌
	健康	呼吸性疾病,头痛,性病,便秘
	幸运色	白色,黄色,褐色,粉红色,红色
西北	好运	情谊,果断,投资,主人,胜负
	霉运	愤怒,贪心,妄想,交通事故
	健康	神经过敏,头痛,血液循环疾患,脑溢血
	幸运色	白色,黄色,草绿色,褐色
北	好运	出行,研究,信誉,储蓄,思想
	霉运	烦恼,争执,孤单,淫乱,贫困
	健康	肾炎,性病,失眠,忧郁症
	幸运色	黑色,白色,红色,褐色
东北	好运	变化,改革,改行,储蓄,房地产
	霉运	终止,贪欲,欺诈
	健康	消化不良,肠胃病,食欲不振,腰部疾病
	幸运色	土黄色,白色,黄色,浅绿色

在风水中,门廊的装修是十分重要的。如果将家比喻成人体的话,那么门廊就相当于人体的脸部,就像第一印象有时可以改变人的一生一样。门廊的装修能够左右家中的吉凶祸福.因为它影响着家人的健康、金钱、成功等方面的运气.现在让我们开始进入这个能给家人带来好运的起点—门廊装修的世界。

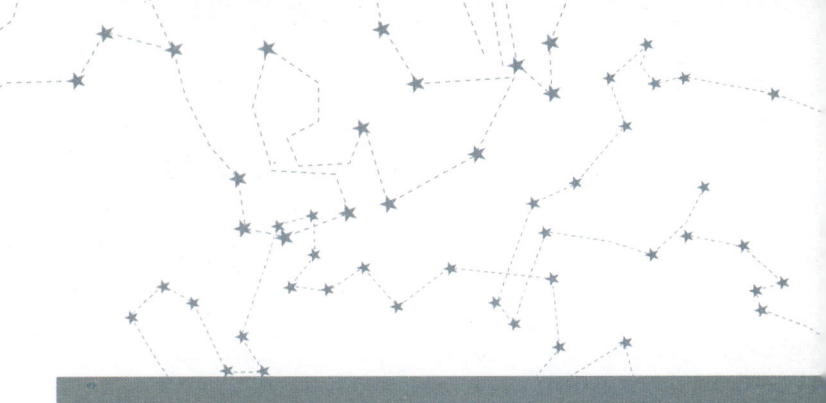

左右命运的空间——门廊

Part2

吉凶祸福的起点，门廊的风水装修

在门廊风水装修中，必要留心观察的第一点就是：门廊是否足够整齐干净。门廊是连接家与外界的桥梁，如果门廊不够整齐干净，比较杂乱的话，就会将厄运招至家中。将门廊整理得整齐干净的话，好运就会自然而然地临门，所以在门廊的装修中，首先要做好的就是把门廊整理得足够的整齐干净。

第二点要留心的就是门廊的照明。门廊是进出家门时首先接触到的地方，相当于家中阳性的气场，所以必须足够明亮。公寓等公共住宅如果因为受到周围高层建筑等的影响，而使得家中阴气沉沉的话，家中就会萦绕着阴性的气场，阴性的气场会给人带来阴湿黑暗的感觉，对家人产生不好的影响，使人心情不悦。面对这种情况，如果使用白炽灯这类可以给人带来明亮温和感的灯具就可以驱走厄运，招来福气。

第三点是要注意门廊的通风性。相对于其他空间来说，门廊较为狭窄局促，为了更充分地使用狭小的空间而将门廊隔成几个小空间，是非常不吉利的。鞋柜等迎面堵着门廊的摆设也不太好，特别是将高尔夫球包，自行车等阻挡气流流动的物体放在门廊，也非吉兆。

如果进入门廊的时候觉得阴暗憋闷，可以利用照明的灯饰，生机勃勃的盆栽或者风景画等小摆设，将吉祥幸福迎进家门。

*镜子不宜直冲入户门

进入门廊时如果镜子直接冲户门是不吉利的，因为这样会将好运反射到屋外。一般来说，在落地柜上挂一面挂镜比较合适。

想在门廊的墙壁上悬挂画框就必须谨慎一些，如果画框是用玻璃做成的，那么它和镜子一样会将好运反射出去，因此要尽量悬挂那些没有玻璃的画框。

在门廊的左边悬挂镜子可以提升财

运，在右边悬挂可以改善你的人际关系，提升名望。但是如果你想名利双收而在左右都悬挂镜子的话，相互反射反而会形成大凶的格局。

门廊镜使用木质边框的八角镜比较好，边框的颜色不要过于的显眼。没有边框只有玻璃的的镜子不太吉利，所以请尽量使用镶有边框的镜子。

*花盆挡煞

门廊的花盆就好像把守幸运的哨兵，将进入家门的煞气净化干净。特别是当门廊附近摆放有让人感到尖锐气流的物体时，可使用花盆来化解煞气。

若门廊的空间较为狭窄，也不一定非要摆放花盆。在鞋柜的上面摆上一个插满鲜花的花瓶也可达到同样的效果。在花瓶的底部放一个支架即可形成一个调和阴阳的风水阵势。

如果门廊狭窄，门廊上的物品不方便全部整齐地收拾，那么可以考虑使用较为高大的鞋柜，多用途的鞋柜可以帮助人们将门廊收拾得清爽利落。当你做这些努力的时候，好运就会在不知不觉中找上门来。

在摆放鞋子的时候，将色彩较为明亮的鞋子放在鞋柜的上层，色彩较为暗沉的鞋子放在鞋柜的下层会比较好。此外，根据季节的更迭，将暂时不用的鞋子清除出鞋柜也是个明智的做法。

*澄澈嘹亮的音乐可以招来好运

门廊中如果有屏风等阻挡性的摆设是不太吉利的。因为它会阻挡内外气流的流动，这时候，使用明亮的照明是驱赶厄运最简单的风水阵法。

家中若有正在等待考试成绩或晋升消息的人，请在大门上安放能发出美妙音乐的风铃或者门铃，相信在不久之后就会有好消息传来。

使用不适合房屋大小且过于高级的蹭鞋垫不太吉利。不但会造成视觉上的负担，而且容易招致偷盗及财物丢失等经济损失，因此应尽量避免。

进出门廊如果觉得有些憋闷的话，就应该加强灯光照明，摆放一些有香气的花草，悬挂一些感觉不错的风景画，以及拥有澄澈嘹亮音乐声的门铃或风铃都能为家里带来安康和好运。

在门廊的地板上整齐地摆放着花盆，墙上像画廊一样挂着各式各样的画框，几乎可以从正面看见的镜子会给人一种很显眼的感觉。

门廊外如果悬挂有澄澈音乐声的门铃和风铃，当人们进出门廊时就会听见悦耳的声音，从而获得好运，如果没有合适的地方悬挂挂铃，可以放在鞋柜上边，进出家门的时候可以特意的去碰它一下，让它出声。

与自己星座相符的门廊风水装修

4元素与生活的形态：火Fire　土Earth　风Air　水Water

*宇宙的气场活动有一定的规律和模式，人类也和自然界一样在循环变化中生活。也就是说，将人看作是小宇宙的的话，人们的生活形态和宇宙的变化形态是一致的。

*对于人体反应和人体规律与宇宙的变化和规律是一致的。即一般认为人类的身体反应和状态与星座的运行息息相关。

*在东西洋文化圈中将与此相似的形态变化分为四时，四方等四种元素，并且在此基础上又将宇宙的能量和人类的能量分为地，水，火，风这四种自然元素。

*在占星学中，从四时，四方等四元素中派生出来的地、水、火、风四元素是火Fire，土Earth，风Air，水Water四个气场的前提。

*火向星座包括牧羊座，狮子座，射手座；土向星座包括金牛座，处女座，山羊座；风向星座包括双子座，天秤座，水瓶座；水向星座包括巨蟹座，双鱼座，天蝎座。

*各自属于火，土，风，水这四个形态的星座就像人们对事情的反应各有不同一样，拥有其固有的特点。现在让我们看看针对这些星座能够调和天命与人间事理的星座风水装修法吧。

火向星座 | Fire Sign

火向星座的最大特点就是极具激情。每天由早到晚都生龙活虎的，不知疲倦的旺盛生命力让人不禁联想到熊熊燃烧的火焰。他们精力充沛，一刻也无法安静下来。

他们性格率真、耿直、较为冲动。做任何事的时候常常是凭着自己主观的感觉，但并不会去深思熟虑。总是充满自信甚至过于自信，在表现自我的时候绝不会踌躇犹豫。他们多数都属于外向型性格，并拥有卓尔不凡的领导才能。

火向星座的人们拥有火一般的热情，充满着青春活力。不畏惧变化的挑战精神符合现代人所必须的要素。但是换一个角度来说，火向星座的人不够沉稳慎重，其周围所有的环境，即居住空间的环境如果不是很合适的话，在人际关系方面极易出现问题。若往火向星座风风火火的性格上浇水的话，就会使冲突变多，徒然的着急也只会使问题尖锐化。

火向星座在身体不适的时候或者感到疲乏的时候问题会变得更严重。平时如果出现高血压的倾向，血液循环不太顺畅或者有心脏病的人更要格外地注意自己的身体。那么就让我们来看看能克服火向星座这些弱点的风水格局吧。

*关键词：独立、外向、感性
*优点

领导力｜独立｜人情味｜行动派｜自信｜知性｜乐观

*缺点

多血质｜冲动｜武断｜鲁莽｜傲慢｜浮夸｜没责任感

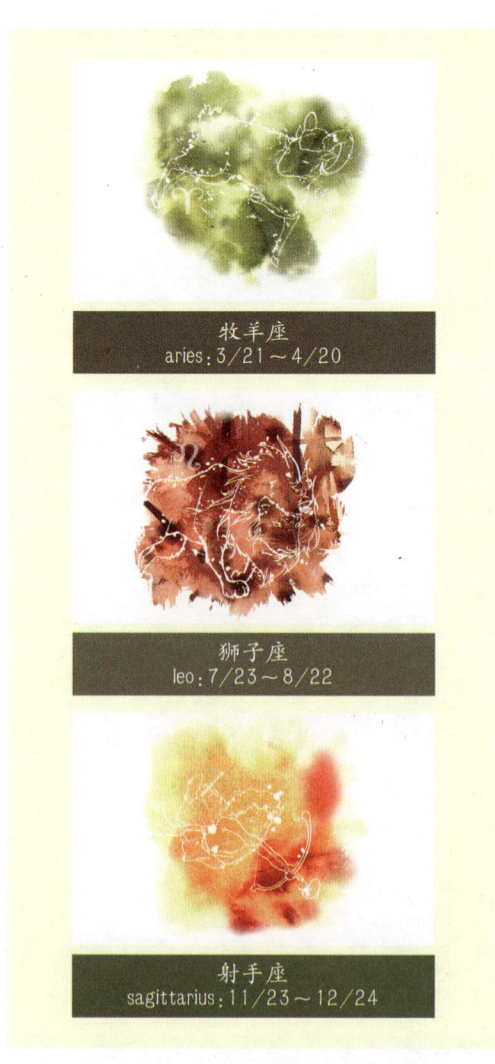

牧羊座
aries:3/21～4/20

狮子座
leo:7/23～8/22

射手座
sagittarius:11/23～12/24

※ 适合火向星座的门廊风水装修

属于火向星座的你，如果想要发扬自身的优点，弥补自己的不足，在风水装修中首先建议你积极地活用镜子。

与其他星座相比起来生性热情的火向星座应该时常地反省一下过去，在闲暇的时候回顾过去的自己。出门和归家时仔细的观察镜子中的自己，一面帮助你回顾自己的大镜子是调整你的气场的关键。

在镜子的选择方面，喜欢华丽装饰的火向星座可以选择那些边框装饰为不锈钢等金属性的晶亮制品。金色或者银色这类华丽的颜色也是个不错的选择。

请选择那些具有光泽感的鞋柜，个性较为刚强的你必定可以接受那些金属材质的独特设计。如果鞋柜有剩余的空间摆放一些金属材质，设计精简的装饰品也是提升运气的绝佳方法。

想要克服火向星座多血质和易冲动等弱点，从风水装修的角度来说，活用那些与水有关的东西是个不错的方法。摆放与水有直接关系的花瓶、花盆或者小型鱼缸和水族箱都是极为有效的好方法。

门廊处应当选用色调简洁干净蹭脚垫，最佳的选择就是象牙白色系，带有华丽花朵或者复杂花纹的设计都不太好。

室内拖鞋方面最好选用静色系的拖鞋，照明可以选用日光灯或者卤素灯。

火向星座

Consulting

1. 为了帮助你观察自己，应积极地活用镜子，选择那些边框装饰为不锈钢的晶亮制品。
2. 在鞋柜的剩余空间摆放设计简单的金属材质装饰品。
3. 摆放花瓶或者花盆是个不错的选择。
4. 照明方面可以选用日光灯或者卤素灯。
5. 选择具有光泽感的鞋柜。
6. 门廊的蹭脚垫可以选用象牙白这类简洁清新的色系。
7. 使用静色系的单色拖鞋。

土向星座 | Earth Sign

土向星座最大的特点就是为人处世十分慎重。即使处在非常辛苦和艰难的情况下也能让事情不受私人感情影响而变得更糟糕，能够冷静沉着的分析事态并将其解决，不会花任何心思在有风险或者不现实的事情上。

土向星座的性格特征就是勤勉、现实、务实。做事情的时候不会加入自己的感情，而是更多的去考虑现实的利益问题，且做事平稳，忍耐力强，因此失误极少。由于土向星座意志力非常的强，所以绝不会轻易言败，虽然看起来有些固执，但也常常表现出值得信赖的领导能力。

土向星座的人有像土地一样的形态：一成不变。土地为世界上所有的生命提供了家园，因此土向星座的人有一颗温暖善良的心和敢于执著追求的性格。沉着而富有安全感的土向星座在朋友中是值得大家信赖的对象。

但是从另一个角度来看，土向星座不能够迅速地适应已经发生的变化也成了它的一个弱点。认为付出就一定会有收获，这样的完美主义思想也常常给土向星座的人带来很多问题。占有欲和嫉妒心的过于强大也给土向星座的人际关系带来诸多麻烦。让我们利用风水原理，来克服土向星座的这些弱点吧。

关键词：冷静、现实、谨慎

*优点

诚实｜准确｜分析力强｜上进心强｜谨慎｜追求完美｜忍耐力

*缺点

固执｜狭隘｜嫉妒心强｜悲观｜有洁癖｜批判性｜顽固

金牛座
taurus：4/21～5/20

处女座
virgo：8/23～9/23

摩羯座
capricorn：12/25～1/19

*适合土向星座的门廊风水装修

在门廊多摆放一些绿色植物对于土向星座的人而言是行之有效的风水调理法。

与其他星座相比土向星座较为呆板固执。为了减少他们的固执心理,可以活用一些软嫩的花木等小棵植物。此外,一些红色花纹的小摆设能刺激人们的眼球,因此这也是一种不错的选择。

能发出澄澈优雅声音的小物件是土向星座提升运气的好帮手。为了让开关门的时候可以听到悦耳的声音,在门廊上悬挂声音悦耳的风铃,或选择一款铃声好听的门铃都是非常不错的风水提运法。

土向星座的人请选择木质的鞋柜。与小鞋柜相比,大鞋柜更适合土向星座。在花瓶下边一定要垫上带有郁金香图案的垫子。有音乐的装饰时钟也是一样很不错的小物品。此外,最好悬挂有花或葱郁树木的画幅。镜子边框的颜色应以清新爽朗的颜色为主。与那些平凡的设

计相比,高雅的设计能使较为古板的你变得精炼。

门廊蹭脚垫可以选择冷色或暖色,但是在图案方面,有华丽花纹的蹭脚垫较为适合土向星座的你。同时你可以根据职业的种类改变蹭脚垫颜色:营销工作方面的人可以选择红色,专职技术方面的人可以选择青色系。一般来说,踩在有纹理华丽的蹭脚垫上可以获得好运,并且会在社会上赢得非同凡响的成功。

有华丽感觉的小物品一般都能够给土向星座的人带来好运。

Entrance

土向星座

Consulting

1. 摆放一些柔软细嫩的花木。
2. 悬挂声音悦耳的风铃，或者安装一款铃声不错的门铃。
3. 放置木质材料的大鞋柜是个不错的选择。
4. 在设计华美的花瓶中插上郁金香或者红玫瑰。
5. 选择带有花或葱郁树木图案的画幅。
6. 选择冷色或暖色的门廊蹭脚垫均可，但是图案为华丽的花纹为佳。
7. 有音乐的时钟是一件不错的提运小物品。

风向星座 | Air Sign

风向星座的你善于变通，多才多艺且机灵伶巧，活泼而富有生气和智慧，说话的时候相当的有条理，因此说服力极强。

在性格方面你十分地独立，讨厌被束缚。独创性极高且极具创新精神。不喜欢被事物的条条框框所牵绊，行动自由奔放，为人公正而且有智慧，所以在群众关系方面不会被私人感情所拘束。注重全局的相互协调，关怀同伴，社交型领导力十分出众。

风向星座的你具有风的特性：进步性较强。是不懂得忧虑担心的理想主义者，热爱和平。但是做事优柔寡断，常常改变自己的想法，给人做事不够认真的感觉。常常因自己拿不定主意而容易轻信他人的话，这是风向星座的弱点。

风向星座的人处事悠然，适应能力强，因此有些人会觉得他们做事轻浮，因此在人际关系方面常常得不到别人的信赖。他们具有艺术细胞，感情丰富，为人和善，可这些有时也会给他们带来问题，因为对自己过于的放松容易使生活变得无秩序。

*关键词：善于变通、有智慧、说服力强

*优点

社交能力 | 爆发力 | 敏捷 | 适应力 | 和平 | 善辩 | 独创性

*缺点

虚浮 | 多变 | 迟钝 | 轻浮 | 效率低 | 懒惰 | 没秩序

双子座
gemini：5/21～6/21

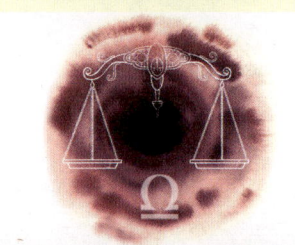

天秤座
libra：9/24～10/22

水瓶座
aquarius：1/20～2/18

*适合风向星座的门廊风水装修

风向星座的你如能够保持门廊的清洁干净就可以发挥自身的优点,弥补自己的不足。与其他星座的人相比较,风向星座的人变通性强,精通与人交往之道,但这样的人在运气不好的时候对煞气往往呈现出一种缺少防备的状态。

进入家门时,应在门廊处将外边霉气扫掉,不让它们进入家中,而要达到扫掉霉气这个目的,就必须要注意日常的清洁卫生。如果想将霉运转为好运,那么在闲暇的时候应该常常做清洁。为了提醒自己不要忘记清洁卫生,将门廊的色调变为白色也是不错的方法。

具有凌乱美或设计复杂的鞋柜不适合风向星座的人,相比之下他们更适合那些简洁流畅的设计风格。想插花的人可以选择那些颈口较长的白色花瓶。再插上一些白色或象牙色这类淡雅色系的花,也将是一道亮丽的风景线。

风向星座的人应选择设计简单的镜子。照明方面则应选择既可以节约能源又可以让屋子显得很明亮的照明设备,例如日光灯和卤素灯。

准备两三个纹样简单的象牙色蹭脚垫,脏的时候及时更换,如果觉得过于麻烦的话,干脆不使用蹭脚垫更好。

风向星座的人最忌讳的就是在门廊处摆放太多不必要的东西。如果门廊里满是鞋,雨伞,自行车等物品,就会给风向星座的人招来不必要的误会,也容易使他们招人非议。此外如果不注意门廊的整理,任由它乱七八糟的堆叠,那

对于风向星座的人来说,简单干净比什么都重要。

就要小心了,因为这样很有可能会赶走将要进入家门的好运。

Entrance

属于我的星座风水装修

风向星座

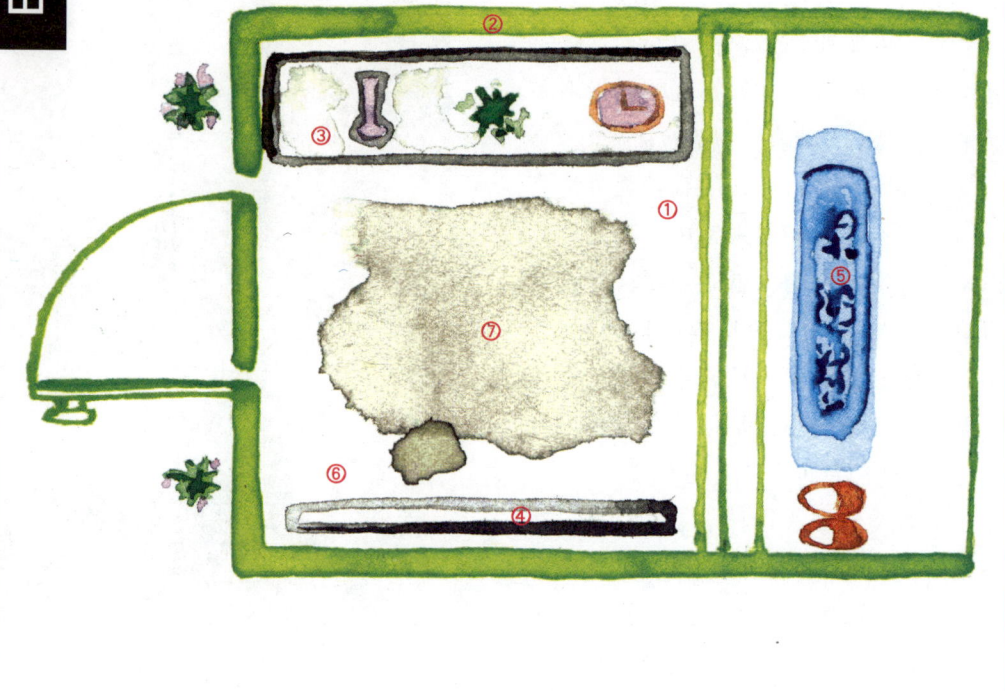

Consulting

1. 内部色调应统一用白色或单色，同时应注重整洁干净。
2. 比起具有凌乱美或设计复杂的鞋柜，流畅简洁的设计更合适。
3. 想要插花的话建议选择那些颈口较长的白色花瓶。
4. 悬挂设计简洁的镜子。
5. 准备两三个样式简洁的蹭脚垫，脏的时候及时更换。
6. 如果门廊上满是雨伞，自行车等杂物，容易遭受口舌之灾。
7. 安装既能节约能源又可使屋子明亮的照明设备。

水向星座 | Water Sign

水向星座的人直觉非常强，他们拥有令人叹服的敏锐洞察力和丰富的想象力。当他们处在一个新的环境时，更多的是依靠自己的感觉和直觉，而不是依靠理性或理论。

水向星座在性格上的最大特征就是感情丰富。他们待人亲切，富有同情心，而且具有很强的保护欲望，所以当他们看到别人有困难的时候决不会袖手旁观。但在新的状况发生时，也不会从比较现实的方面去思考问题。

他们是不注重物质的浪漫主义者。有时会界限模糊，不分公私，虽然这一点应该改正，但他们还是常常会忍不住去保护那些有困难的人，水向星座的人就是这种具有博爱主义的领导者。

水向星座就像拥有各种形态的水一样具有可变性，就像在水下具有不为人知的隐蔽性一样，他们总是私藏着很多自己的小秘密。执拗而且强迫观念很强。水向星座的人一旦生气就会变得非常的倔犟强硬，任由自己依据感情行事。所以他们的感情复杂而激烈。

与其他星座的人比较起来，水向星座的人活动较少，因此他们呆在家里的时间较长。此外，他们聚集在感情方面的能量比重较大，因此在家居空间的装修上要特别的花心思。而且他们的心思较为细腻，容易陷入一种较为沉闷的状态中，让周围的人十分地煎熬、着急。由于上述的种种理由，水向星座的人在室内装修上要特别花心思才行。

关键词：直觉、想象力、浪漫

优点

多情 | 情绪化 | 诚实 | 同情心 | 小心谨慎 | 洞察力 | 尖锐

*缺点

多变 | 利他主义 | 保守 | 逃避 | 感情用事 | 嫉妒心 | 执拗

巨蟹座 cancer; 6/22~7/22

天蝎座 scorpio; 10/23~11/22

双鱼座 pisces; 2/19~3/20

*适合水向星座的门廊风水装修

保证门廊的空间足够宽敞是提升水向星座运势的关键。

对于比其他星座感情和想象力都更丰富的水向星座来说，居住空间应该比世界上任何一个地方都要舒适雅静。他们往往都认为开始是非常重要的，而门廊相当于一个家的脸的分量，所以他们对于门廊的装修更要多费些心思。因为对于感情非常丰富的水向星座来说，这是一个可以左右他们情感的重要空间。

风水装修中建议水向星座的人选用独特的设计来装修家的门廊，让门廊的空间尽可能的大。如果门廊的空间不能扩张，可以使用镜子让门廊的空间看起来比实际的空间大。他们适合那种比较高档的装修。在家的前门一定要摆放可以表现自己的装饰物，这是召唤运气的一个绝佳秘诀。

鞋柜的材质选用木质的会比较好。颜色方面可以选择一些较为厚重沉稳的颜色。如果鞋柜的空间还有空余，可以摆放一些中世纪欧洲风格的装饰品。如果要摆放架子或者时钟，可以选用白色的。

摆放有玻璃门的鞋柜或在鞋柜上安装一块经过图层处理的镜子都是提升运势的不错方法。瓶颈较长的花瓶就像娇嫩的水向星座一样，运势容易被从中截断，因此这种花瓶绝对是水向星座的禁品。如果要摆放花瓶，可以选择那些形状扁平，金装的高档花瓶。

门廊的蹭脚垫请选用质感高级优雅的制品，象牙白和浅绿都是不错的颜色。镜子则可以选择那些具有古典美，有结实木质边框的制品。在选择用于悬挂的画幅时，那些具有厚重感的上等画可以使水向星座充满自尊心。

水向星座的人在装修门廊时要适当的展现自我，利用古香古色的小物品装饰门廊。

水向星座

Consulting

1. 利用镜子使室内空间看起来更宽敞。
2. 将门廊装修得很高级也不错。
3. 为了建立自信心务必在家门旁摆放能够表现自己的装饰物。
4. 摆放一面给人厚重感和沉静感觉的镜子。
5. 选择看起来较为扁平的高级花瓶。
6. 门廊的蹭脚垫请选用质感高级优雅的制品,象牙白和浅绿都是不错的颜色。
7. 悬挂看起来较为高级,给人厚重感的画幅。

tip 生机涌动的门廊方位装修要点

东面的门廊 ★

东面的门廊适合红色的装修风格，这样可以招来好运。在鞋柜的上面摆放红色的花可以为家中带来芬芳的新运势。此方位是一个与声音十分相合的方位，因为在门廊的门上悬挂风铃是不错的选择。

东南面的门廊 ★

东南方可以提升你的人际关系，花草和香气是提升运势的关键。鲜灵的花朵或者有幽幽清香的芳香剂和香包这类带来持续芬芳的物品，可以将困难的事拒之于门外，保持家人的好运气。

南面的门廊 ★

南面是一个与玻璃或金属十分相合但与水不相符的方位，因此切勿摆放鱼缸或花瓶等物品。此外，在家门两旁对称地摆放两盆绿色植物可以提升爱情运。

西南面的门廊 ★

西南面的门廊应时刻保持清洁。所以不能用过多的小物品来装饰门廊，简单利落的布局会比较好。如果想用花来装饰门廊，请选择黄颜色的花和陶瓷花瓶。

西面的门廊 ★

黄色可以帮助西面的门廊将好运召唤回家中。门廊的布置应为彩色或白色等色调为主。此外，用黄色的小物品来装饰门廊更能提升主人的运气。在花瓶中插上根茎较短的黄色花朵是招来幸运的要点。

西北面的门廊 ★

尽量将门廊布置得高级一些是西北面门廊装修的要点。在选择装饰的小物时，可以考虑使用那些木头材质，给人带来沉静平和感的物品。富有东洋气息的圆形花瓶是插花时的上佳选择。

北面的门廊 ★

因为阳光难以进入，所以北面的门廊阴气较重。因此我们应该营造一种温暖明亮的感觉来驱赶不吉利的气场。利用黄色或粉红色等暖色调来装饰门廊就能为家人召唤好运。

东北面的门廊 ★

以白色这样的色调来统一修饰东北面的门廊能够提升财运。风水装修中指出，使用白色的蹭脚垫或一幅描绘被白雪覆盖山峦的画幅等与白色有关的物品都能够提升家人的财运。

家庭是构成社会的基本要素，如果家庭不够安宁稳定，社会也会因此变得动荡不安。客厅作为一个家的中心，有着非常重要的作用；如果客厅的功能不够完善，社会环境也会受到一定的影响。可以说客厅装修的好坏在一定程度上给社会带来影响。对家庭生活起着巨大影响力并且能够左右成功的客厅应该如何装修呢？让我们来看看如何才能使我们的客厅变成藏风聚气的宝地吧。

左右成功的空间——客厅

Part3

召唤生活活力的客厅风水装修

客厅不是个人的私人空间，而是家庭成员来来往往的地方。客厅作为一个与家人共同生活的空间，是家中最核心的地方，所以说客厅是为所有家族成员而设立的。

在风水装修中，首先应该留心观察的就是客厅的空气是否足够流通。因为客厅里不仅摆放着电视、空调、音箱等家电，还有沙发、装饰柜等体积较大的物体，所以客厅的气流往往不够通畅，这样一来会导致客厅的空气污浊。因此我们要将我们的客厅打造成一个通风透气，光线充足的空间。

其次应该注意的就是如何正确地摆设客厅的装饰物。每个人都希望自己的家人能平平安安地生活，所以我们在装修中往往都会将家人的平安健康摆在首位。但如果在客厅里摆放动物标本或日本武士刀这类触目惊心的装饰品，就蕴含着将家人驱赶出家门的寓意，是很不吉利的。在选择装饰物时应该怀着一颗照顾家人的心，为客厅挑选合适的装饰物。

第三个要点是客厅的装修要有生动感。如果想将自己的客厅变得明亮温馨就应多摆放一些绿色植物。一间没有盆栽或花朵的客厅会让人觉得灰暗，没有生动感。但应该注意的是不要在墙上挂干花，这样反而会夺走客厅的生气，是非常不吉利的。万一阳光难以进入客厅，则应至少摆放一棵150毫米左右的植物，或者3~5盆小盆栽。此外，在电视机旁边摆放一两盆绿色植物是保持家人健康的小诀窍。

*小物品比大物品美观

将沙发背对着门廊放置比较好，与门廊成对角线的位置是放置沙发最理想的角度。过大的沙发和茶几会使人际网变得局促狭小，因此应该特别注意。

在沙发旁摆放大花盆可以有效地预防家人间的摩擦。

沙发的摆放尽量不要遮住窗户。如果沙发相较于客厅而言过大或过于豪华都会使沙发与人的宾主倒置，让沙发成为了家的主人。这样的话，主人的能力就得不到发挥，做每件事情都会受到别人的诱骗。

三角形的茶几因为桌角较尖锐而不吉利。所以选择四只桌腿的四角形茶几或椭圆形的茶几会比较好。此外，用石头或玻璃制成的餐桌阴气太重，会减少家人一起努力生活的热情，最好能换成木质餐桌，另外使用木质餐桌时最好不要用桌布将餐桌的木头纹理遮盖起来。

在沙发的旁边摆放鲜灵的花草或大架子可有效减少家人间的摩擦。花草可以将鲜活的气运带给家中刚开始做某件事情的家人，为他们带来好运，帮助他们有所收获。

*给客厅留下一些空白的美

繁复的装饰物会使客厅的气流不畅通。为了能让外部的气流通过门廊进入客厅时自然而然地和室内的空气调和，应该把不必要的物品清除出客厅。

一幅画着花图案的画幅会让家人间的相处变得和睦。具有明朗气息的花的画幅，没有凶险感的山水画幅等都是不错的选择，如果能用灯光打亮画幅的局部就更好了。一幅描绘小孩子欢快游戏的画幅则能给家中的子女带来健康和活力。但令人费解的抽象画和色调灰暗的画会使家人间产生摩擦，因此还是不要悬挂为好。

客厅的窗在很大程度上影响着客厅的亮度和通风，为了让光线能够进入客厅，白天的时候不要让窗帘遮挡住阳光。

给客厅留下一些空白的地方。与其在客厅满满地悬挂很多画幅，倒不如一幅也不要挂。如果家中有人要转行或者想做什么特别的事，可以悬挂一幅风景画或版画。

最好的画幅就是家人的合照，将家人的合照挂在门廊处可以看得见的地方，此外在照片下摆放花盆能给家人带来好运。

陈旧的古董和褪色的照片，以及画有猛兽的画等物品会镇住家人的气场，因此都是不吉利的东西，是家人间摩擦和病痛的根源。

*在电子产品的旁边摆放绿色植物

将电子产品置放在木质柜子中可有效防止电子产品所放射的微波。利用花草来吸收电子产品的微波也是个不错的方法。在电视、音箱、电脑、电话等电子产品的周围摆放几盆绿色植物能使空气流动更加地顺畅，为家人带来好运。

客厅里放置电视的最佳方位是东面。因为一般来说好消息都是从这个方位进入家中的。如果家中有人正在等待着好消息，那么将电话、传真、电脑等可以与外部联系的家电摆放在客厅东面就能候得佳音。

如果将电视摆放在有明亮气场的南面，家人们白天就会减少看电视的频率，从而为家人间的愉快交流创造了机会，家庭关系也因此会变得更加和睦。但若将电视摆在西面，让电视成为家中的主角，家人间沟通的机会就很可能会减少，因此要避免将电视放在客厅的西面。

将家电用品放置在客厅的北面的话，会导致家人兄弟之间摩擦不断。此外，电视、音响、电话等东西常常会积有灰尘，要经常注意保洁。

不使用空调时也没有必要将其罩起。若冬天长时间地将空调罩着，会阻挡气流的流动，所以就像用的时候一样，不要将其罩着，只要注意时常清扫就好。

*在灯光、通风上要花心思

与日光灯比较，白炽灯的间接照明更好。家人聚集在客厅的时候应先开较为明亮的灯，一段时间之后可以关掉部

颜色相对而言较为华丽的客厅，咋看之下非常的惹眼，但是从风水装修的角度看，过于凌乱复杂的墙壁并不太好。

分的灯。若有不亮的灯，应及时的更换灯泡。

当家人都在房间里的时候如果关掉了客厅的灯就会阻止家人间的沟通，家人在家的时候至少要在客厅开一盏小灯。有家人还未归家时应为他在客厅留一盏灯。

客厅里不要放置镜子，特别是那种可以看到客厅全貌的镜子，这样家人会有相互监督的感觉，从而不利于家中的和睦团结，所以还是不放置为好。

良好的通风效果可以让你的客厅充满祥和之气。若南面或东面开有窗户就更好了，因为这样可以使客厅洋溢着吉祥的气息。天天为客厅通风换气两到三次也会使好运常在。

*自然就是最好的装修

壁炉虽然能给人一种温暖的感觉，但是如果在壁炉周围摆放其他家具的话就十分不吉利。不仅有火灾的危险，而且因为相互碰撞所以寓意不好，再加上壁炉的火性气场会将家具的气场都吸收走，所以不太吉利。

水族箱是使家里财源滚滚的制胜法宝，但同时也对家人的健康和人际关系产生影响。如果一定要摆放的话，建议摆在客厅的南面和东南面。摆在西面会导致支出增加，摆在北面则会对家中女性的健康有所影响。

木头等天然材料是客厅的地板材质的上佳之选。因为这样在行走时脚板可以吸收到自然的气息，对健康有利。在布置客厅时可以多使用一些由天然材料制成的小摆设。

不要糊里糊涂地将别人送的装饰品和人偶胡乱地摆在客厅，要好好地整理并收纳好它们。此外，和宗教有关的物品要摆放在客厅最干净整洁的地方。

壁炉会给家增添一丝暖和温暖的感觉，同时也能促使气场的流动，但要注意的是不要在壁炉的周围摆放家具。

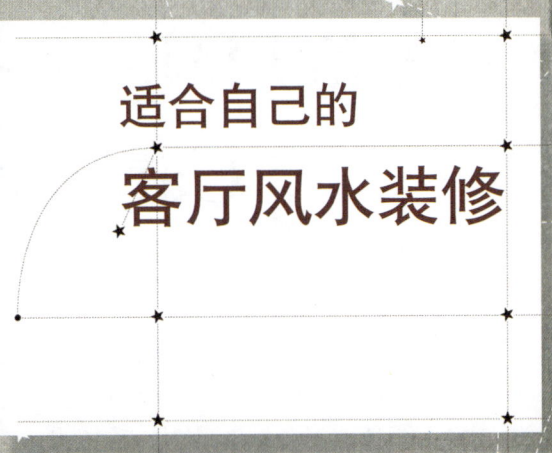

适合自己的客厅风水装修

4元素与生活的形态： 火Fire　　土Earth　　风 Air　　水Water

＊宇宙和人类的能量由地、水、火、风四个元素组成的，占星学中又将地、水、火、风四个元素分为火、土、风、水等四个气运。

＊火、土、风、水四元素由独特的因素构成，那就是本位Cardinat、固定Ffixed、变动Mutable。行动和基本是本位的特质，安静和固定是固定的特质，感性和变化是变动的特质。

＊将四元素三大特质理解为：当个人处于新环境时，对外界做出某种反应的固定特质，如与陌生的人见面，处理新情况等等。当外界发生某种情况时，是积极主动（进取心）地去反应，还是沉稳地（安定性）去面对，抑或是凭着自己的感情（多元个性）去处理。

＊比如说，狮子座是火向星座，生活态度热情率真，但他属于本位的星座，特质较为稳固安静，所以可以看出他们的意志力顽强且较以自我为中心。射手座和狮子座一样同属火向星座，因此生活也是态度热情率真的，但是他属于变动星座，即他们拥有善变又感性的特质，所以他们非常地上进而且较为理想化。

＊因此根据四元素特质的不同他们的行动反应方式也有所区别。那么，让我们用风水装修的眼光去仔细看看这些不同星座的行动方式吧。

本位星座——活跃的星座
Cardinal Sign

他们非常有上进心，精力充沛，行为耿直。本位星座的人一般都具有外向型性格，浑身上下散发着魅力，能博得周围人的无数好感，且具有开拓精神，因此不喜欢跟随别人的脚步，更乐于开拓一片自己的新领域。只要是自己想要的东西就会不择手段地去争取。

他们有很强的期盼。当开始一样新的研究项目时就会说服周围的人加入进来。有很强的推动力，意志力和渴望成功的心态，因此他们常常成为以身作则，冲锋陷阵的领头人。他们孜孜不倦的努力，不畏艰险的精神总是能将事情圆满解决。

本位星座的人一旦开始去做某件事情就会倾注其所有的心血。只要是自己认定要做的事他们就会努力去做，如此地执着也容易导致他们在没有用的事情上花费过多的时间和热情。同时他们的自信心也很强，常常一刻不停地活动。

他们具有献身精神并且足智多谋，因此自然而然地成为大家称赞的对象。他们责任感强，为人谦虚厚道，并且深谋远虑，因而总是能得到别人的信任。

如果要点出本位星座的缺点，那就是他们的行动往往要比他们的思想快一步，而且他们做事苛刻，有诸多要求。本位星座的人还不太遵守秩序，为人比较悲观，如果事情不能按计划进行，他们就会变得犹疑，脱离正常的轨道。他们不知道爱惜别人的东西，善于甜言蜜语。

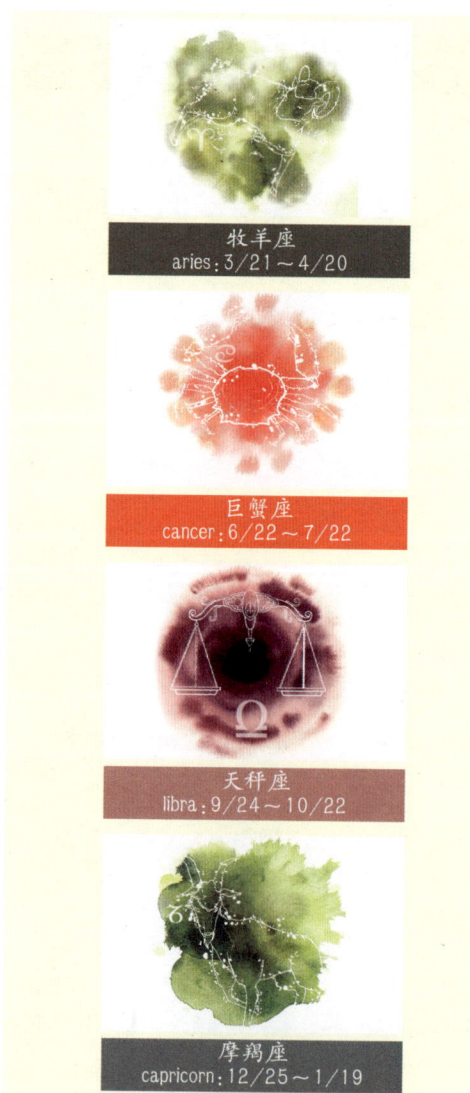

牧羊座 aries:3/21～4/20

巨蟹座 cancer:6/22～7/22

天秤座 libra:9/24～10/22

摩羯座 capricorn:12/25～1/19

一旦生气就犹如火山爆发，直到自己忍无可忍的时候就会暴跳如雷。过于自信且太急于下判断会使他们显得比较轻率，不够慎重。这都是应该尽快改掉的缺点。

*适合本位星座的客厅风水装修

现在让我们来针对本位星座的性格，看看能够扬长避短的风水装修法吧。

将室内的气氛布置得明亮华丽是个不错的想法。请使用给人洁净感觉的冷色来装修客厅，像浅青色和淡紫罗兰色这类颜色可使阴阳调和，也是个很好的选择。应避免使用一些红色黄色等接近原色的颜色，因为这类的颜色会刺激原本性情就较为争强好胜的本位星座，刺激他们的争斗心。而且这些颜色会增强他们的反社会情绪，让他们感到内心负担加重甚至产生自虐倾向，也容易导致与家人和朋友间的摩擦增加，人际关系出现问题。所以一定要避免使用这种过于强烈的颜色。

尽可能地将天花板做得高一些，通过这样让自己的视野开阔一些会比较好。切勿将室内装饰得过于繁杂，简洁的风格反而比较合适本位星座的人。避免把东西摆放得到处都是，要给客厅一些空余的空间，如果觉得房间过于单调，可以适当的在部分地方使用红色也没有关系。照片或者旅游纪念品是理想的装饰品。此外如果采光不足的话，可以多用些花或者充满生机的绿色植物来装饰客厅。

为了让本位星座活泼的特质变得比较文静沉稳些，可以将电视、音箱、电话等电子产品摆放在客厅的南面或者西面。绿色或米黄色的布沙发很适合本位

星座的人，如果想使用皮制沙发，就应该在沙发上放置棉质的垫背和坐垫，这样可以实现阴阳的调和。

色泽明亮的木质家具是本位星座的最佳选择。可以将原来的家具用原木的颜色或白色来翻新。摆放花瓶时，选择水晶花瓶比较好，再在花瓶中插上红色或白色的花。如果想用缝制的人偶来装饰客厅的话，一定要和植物摆放在一起。

绿色系和青色系这类能带给人平和感觉的窗帘可以稳住本位星座兴奋的气场。此外，地毯的设计也要避免过于华丽。

天花板的照明不宜使用直接照明。另外，和枝形吊灯这类造型多样的灯比起来，较为单调简洁的设计比较适合本位星座。在客厅的一角摆放一个大金属架子或一盆高大的观叶植物，这是一个能帮助你美梦成真的风水阵势。

本位星座对于噪音非常地敏感。所以如果周围的环境比较嘈杂的话，一定要对客厅进行隔音装修。若是家中比较凌乱，会容易使人的精神变得涣散，且容易疲劳，所以要保持家中的洁净整齐，这样才为自己的心灵找到一片静谧的家。

白底红点，给人沉静感觉的装修，就是为本位星座设计的。

本位星座——活跃的星座

Consulting

1. 浅青色和淡紫罗兰色这种色调能给人宁静洁净的感觉，同时可以摆放一些有高贵感，有光亮感的装饰品。
2. 为了使本位星座争强好胜的心态平静下来，请不要使用三原色等强烈华丽的颜色。
3. 要一个能够展望的阳台，窗户的周围不要摆放装饰品。
4. 在屋内四处悬挂装饰品显得不吉利，还是干净整洁的风格比较适合本位星座的人。
5. 若屋内采光不佳，建议摆放花或绿色植物。
6. 绿色或米黄色的布沙发是不错的选择。如果想使用皮沙发，那就应该在沙发上放置棉质的垫背和坐垫，这样可以实现阴阳的调和。
7. 在水晶花瓶中插上红色或白色的花。
8. 绿色系和青色系这类能带给人沉静感觉的窗帘可以使本位星座兴奋的气场镇定下来。
9. 本位星座对于噪音非常的敏感。因此如果周围比较嘈杂的话，一定要对客厅进行隔音装修。
10. 地毯也要避免使用过于花俏的花纹。

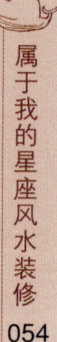

固定星座——静寂的星座
Fixed Sign

固定星座的人做事平稳。沉稳镇静的同时直觉也很敏锐。为人比较实际，是非分明。解决问题的能力非常突出。他们讨厌变化，做每件事情都能沉稳行事。在他们看来，将一件事情尽善尽美地解决比开始做一件新事情更重要。

他们是坚定的保守主义者，所以当他们因为外界的变化而迫不得已要进行改变的时候会觉得非常的痛苦。因为他们比较自私而且非常的固执，所以一般不会轻易地改变自己原有的习惯和思想。他们做事深思熟虑，会毫不动摇地去推进已经开始的事情。与其让他们去接触一件新事物，他们更乐于去做那些稳定的事情，所以固定星座对于那些已有一定基础，需要在这个基础上加以补充和完善的事情抱有更多的关心。

固定星座的人观察力很强，所以他们对很多领域都充满了关心。但是他们非常的小心谨慎，事事都力求安全稳妥，所以不会对一些没有用的东西抱以关心或者在上面浪费时间。他们是不会浪费自己才能和精力的极端现实主义者。

偏激和固执是固定星座的缺点。对于自己所做的事充满了自信。为人冷淡而且吝啬，所以难以打开他们的心。疑心重，变通性较差，这些都是他们应该改正的部分。

占有欲和嫉妒心都很强，所以常常想支配周围的一切事物。再加上固定星座的人野心较大，所以他们不会接受别人的支

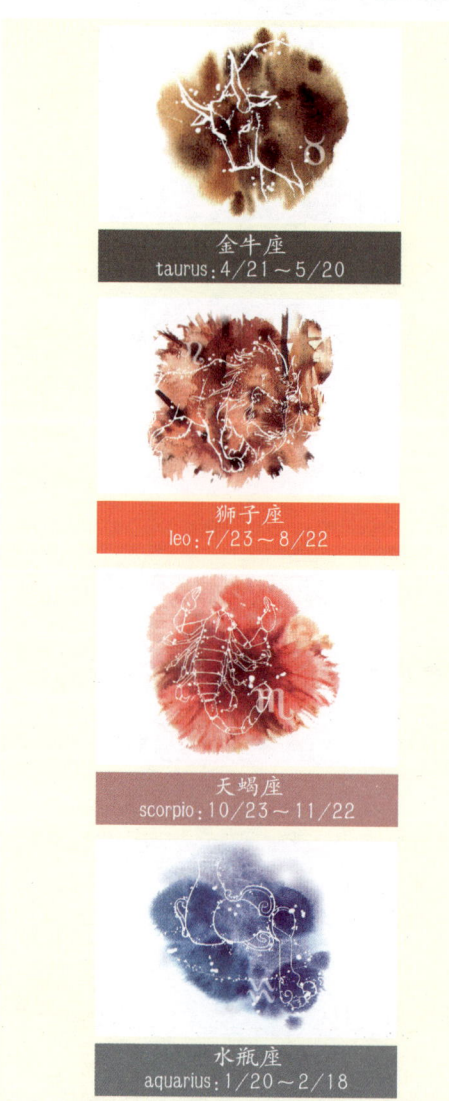

金牛座
taurus: 4/21～5/20

狮子座
leo: 7/23～8/22

天蝎座
scorpio: 10/23～11/22

水瓶座
aquarius: 1/20～2/18

配，也不会允许自己隶属于别人。虽然与他们亲近之后就会成为好朋友，但是在亲近之前要花费一定的时间和努力。

*适合固定星座的客厅风水装修

客厅的通风透气是提升固定星座运势的核心方法，每天为客厅开窗换气不应少于一次。如果能在一年四季香气常飘的东南面和东面有窗口那是再好不过了。为了能让外面的新鲜空气进入室内，可以特意将客厅的窗户做大一些。

如果客厅的窗户比较小，那就应注意不要让气流流通的渠道被堵塞，这就要求不要在窗户旁边摆放过大的装饰品。站在室内装饰的角度而言，固定星座应选择明亮华美的窗帘，颜色方面则以奶油色等光亮的颜色为佳。此外，那些花纹小而华彩的窗帘，会比那些纹理单调的窗帘更能为固定星座的人带来好运。

住在公寓或者商住两用楼的固定星座们应尽量选择较高的楼层居住。居住在高层可以适时俯瞰楼下的景色，会在不知不觉中滋生出饱满的自信。固定星座的人要学会用肯定的思维去思考每一件事并积极地去处理它，学会愉悦舒坦地享受休息时光。此外，站在风水学的角度，对于非常需要独处时间的固定星座而言，住在较高楼层所带来的开阔视野和明媚阳光是非常有益的。

用温和细腻的色系去统一装修固定星座的客厅。不管在什么情况下都要避免使用黑色等暗沉的颜色，象牙白、粉

红或者奶油色的壁纸也是不错的选择。

最好在电视的旁边摆放一些鲜活的花朵。

将一幅热带海滨或者有明亮华美感的照片放在木质相框里用来装饰客厅,能彻底地消除阴郁的气氛。摆放动物的标本或有动物皮制成的装饰品非常的不吉利。此外,年代久远的带宗教性质的装饰物在风水中也被认为是不太吉利,最好避免使用。

尽量让室内的使用空间宽敞一些。华丽的室内装潢适合固定星座的人,黑暗狭小的氛围会使人感到憋闷,压力增加。家具方面也是选择那些明亮华美的设计比较好,原木素材最好,玻璃和不锈钢的也不错,但是要注意避免使用玻璃的桌子。

要格外注意的是:在摆放沙发的时候不要挡着客厅中的窗户。有缤纷香气的芳香剂也能召唤幸运。在架子、餐桌和落地柜上摆放芳香剂可使全屋香气四溢。

照明设备要尽量选用光亮的灯泡。万一照明设备因积满灰尘等污物而变得光线灰暗,那么阴郁、不吉利的气场就会散发出来。因此为了让好气场驱散这些不利于我们的气场,我们应时常注意观察,及时清洁灯泡。

一间充满明亮华美气氛的客厅能给固定星座的人到来无与伦比的好运。

固定星座——静寂的星座

Consulting

1. 为了让客厅拥有幸运的气场,保持客厅的通风透气是诀窍。每天为客厅开窗换气不应少于一次。
2. 将客厅的窗户做大可以让外面更多的新鲜空气进入室内。
3. 固定星座应选择明亮华美的窗帘,带花纹的窗帘比单调的纹理更适合固定星座。
4. 温暖柔软色系的装饰品适合固定星座的客厅,不管在什么情况下都要避免使用黑色等暗沉的颜色,象牙白、粉红或者奶油色的壁纸是不错的选择。
5. 在电视的旁边摆放鲜灵的花朵。
6. 在架子、餐桌和落地柜摆放芳香剂可使全屋香气四溢。
7. 动物的标本或有动物皮制成的装饰品,以及年代久远的带宗教性质的装饰物都不要用来装饰客厅。
8. 明亮华美设计的家具。
9. 在摆放沙发的时候要特别注意不要挡着客厅中的窗户。
10. 照明设备若积满灰尘等污物就会变得光线灰暗,那么阴郁气场就会扩散开来,所以要时刻注意保持照明设备的清洁。

变动星座——感性的星座
Mutable Sign

变动星座的行为特征就是具有多样性，想象力丰富而且十分独立，一般不会一成不变，拥有多重个性，所以不停地变化才是他们梦寐以求的。变动星座为人处世具有极佳的弹性，天生就能很好地适应各种突如其来的变化。在日新月异的现代社会，变动星座的能动性和应变能力与其它星座相比显得尤为突出。

变动星座的现实性和群居性比较强。对于自己要做的事无条件地抱有满腔的信念，他们有坚定的信念，良好的能动性也会使他们能够随时应对周围发生的变化，因为这样，他们有时会被别人误会成一个善变且没有原则的人。

他们对很多领域都抱有关心，思考范围宽，所以他们的生活方式丰富多彩，会拥有一个色彩缤纷的人生。而且做事非常有进取心，极具说服力，因此他们能得到很多关注的目光。

变动星座自尊心强且富有哲理，所以他们的精神损耗较大。他们十分机敏，心眼儿多，因此就算遇到难关也不会觉得艰难，和别人相比，他们能更轻易地化解困难。有血性、人缘好、分辨力强、善交际是他们性格中的优点。

变动星座的人情绪多半不稳定，而且容易轻信他人，在诱惑面前容易动摇。照直地按照别人的话去做事也是他们的缺点之一。他们普遍认为与他人的关系协调很重要，因此常常会出现这样的现象：因对别人做了让步反而使自己的能力

双子座
gemini: 5/21～6/21

处女座
virgo: 8/23～9/23

射手座
sagittarius: 11/23～12/24

双鱼座
pisces: 2/19～3/20

得不到充分的发挥。这也是变动星座需要特别去纠正的地方。

变动星座的贪欲和攻击性使他们拒绝平凡、追求刺激。他们是机会主义者，对无足轻重的事情很容易心生厌倦。

*适合变动星座的客厅风水装修

对于变动星座而言，沉稳的室内氛围比较有益，因为多样性和变通性都很强的变动星座对于环境是十分敏感的。那些拥有自然气息的东西可以帮助他们寻找到心灵上的安宁，要是做不到的话，可以利用绿色制造出自然的氛围。

为了纠正变动星座的缺点，发扬他们的优点，可以多多栽种植物。在阳台上摆放盆栽植物可以使他们心情更好。如果居住环境相对繁杂的话，可以采用比较暗的色调来装修室内，还可以使用厚重的窗帘将周围松散的气场挡在屋外。

装修客厅时可使用浅绿色、米黄色或者褐色等柔和的淡色彩。壁纸可以选用象牙白或者浅褐色。在天顶和墙壁的中间使用一些有趣的图案，这样就可以营造出一种灵动的感觉。窗户上可以挂上白色、灰褐色或者绿色等稍微有厚实质感的窗帘，因为厚实的质感对于变动星座的人来说是再好不过的选择了。文静且较为厚重的设计是上佳之选。

电视的尺寸要尽可能的大，与音响、电话等一起放在客厅的东面。地板材料应该是选用木质的比较好。古典风格的家具比时尚感强烈的家具更适合变动星座，此外，家具的材质选用大而结实的木制品比较好，金属材质的制品对于变动星座而言不太吉利，底部为米黄色或者绿色系的东西是不错的选择。装饰柜上应摆放一些比较有品位的酒和玻璃杯等高级制品。

褐色的皮沙发适合变动星座的人，应该舍弃呆板的设计去追求相对奢华的设计，因为这样他们可以保存变动星座的生机与活力。如果近期花钱比较大手大脚的话，可以用一些青色的靠垫或者用一些小物品来装饰房间，会收到意想不到的效果，管理金钱的能力也会增强，会使他们更行之有效的管理自己的财物，进而积累钱财。

白色、米黄色或象牙白地毯和米黄色的桌子是不错的搭配，也能为变动星座带来好运。欧洲中世纪风格的高雅画幅也很不错，再搭配上石头般有稳重质感画框那就十分完美了。

变动星座适合华美的灯饰。如果想摆放架子，请选择那些白色的圆形的架子。若想用花来装饰客厅，请选用陶瓷

器皿并将其摆放在客厅的东南面,花色以黄色和白色为佳。

虽然说在客厅里摆放水箱可以调节空气湿度,而且还可以喂养热带鱼,但是它会使变动星座的财务状况出现波动,所以最好避免摆放。水箱越大,波动越大,同理,花瓶太大也是一样,因此水箱和太大的花瓶还是不要摆设为佳。

极容易受到环境影响的变动星座使用自然风格的装修能唤来好运。

变动星座——感性的星座

Consulting

1. 具有自然气息的东西可以帮助寻找到心灵上的安宁，所以使用绿色系的风格来装修客厅是不错的选择。
2. 在栽种植物的同时，在阳台上摆放一些能令人保持好心情盆栽植物吧。
3. 如果外面的环境比较喧闹复杂的话，可以使用稍微有厚实质感的窗帘将周围松散的气场挡在屋外。
4. 装修客厅时可使用浅绿色、米黄色或者褐色等柔和的淡色彩。
5. 象牙白或者浅褐色的壁纸是不错的选择。
6. 在天顶和墙壁的中间使用一些有趣的图案来制造出灵动的感觉。
7. 选用木质的地板材料比较好。
8. 装饰柜上应摆放一些比较有品位的酒和玻璃杯等高级制品。
9. 富丽华美的皮质沙发。
10. 欧洲中世纪风格的高雅画幅也很不错，搭配稳重有质感的画框。

tip 使幸运之神眷顾的客厅方位装修要点

东面的客厅 ★

东面的客厅可以集聚所有家人的气场,然后再创造出更为强大勇猛的气场。但是生机过于旺盛也让人感到有些松散,这个时候可以在窗户旁边摆放一盆比较矮小的观叶植物或者青色的花。并且在东面的墙壁上挂上一个音乐时钟。

东南面的客厅 ★

东南方是缔结姻缘的方向,同时也可以让你的人际关系变好,得到周围人的帮助。如果客厅通风透气的话,就能接受到更为幸运的气场。应尽量使用那些能给予人温馨感的颜色来装修你的客厅,避免使用暗色系的颜色。多使用芳香剂,因为清馨的香味可以呼唤幸运。

南面的客厅 ★

南面的客厅是阴阳交汇的地方,所以只要做好室内装修,名望、地位、学业等各方面都会有所收获。南面的客厅要使用冷色系的色彩去装修,避免使用红黄等三原色的彩色,这些色彩容易引发家人间的摩擦。若客厅采光不好,可以用漂亮的花朵和生机盎然的植物来弥补这一不足。

西南面的客厅 ★

西南面和东北面是面向鬼门的方向。但是如果能保持干净整洁的话,就能获得意想不到的帮助和想要的东西。像垃圾筒这类比较脏乱的东西要及时清理,同时,为了赶跑客厅的煞气,应早点放下窗帘,不让夕阳进入客厅。

西面的客厅 ★

从风水学的角度看,西方是一个象征着财富的方位,同时它还可以帮助未婚的人找到美满幸福的婚姻。但是如果有不吉利的气场,极容易在中途遭到挫折,也有可能卷入口舌之灾,或者在生活中形成浪费的陋习。能给人平和感的室内装修比较合适此方位的客厅,壁纸的颜色可以选择有厚实感的象牙白和褐色。木质的桌子比较好,不要选择玻璃或不锈钢的桌子。

西北面的客厅 ★

西北面的客厅对于家中的主人而言十分的重要。要摆放一些能发挥自己才能或者能证明自己实力的物品。将奖杯和奖状放在客厅内显眼的地方。还可以摆放一些家人喜爱的书,亲手画的画及亲手写的书法等物品。

北面的客厅 ★

北面的客厅拥有平静稳定的气场，因此非常适合学者以及研究者。若仅仅靠阳光日照可能会觉得有点阴冷，所以在照明上要特别花心思，使用暖色的壁纸和华丽明艳的装饰品。布沙发比皮沙发要好，而且沙发的设计应豪华一些，颜色方面则建议选择较为明亮的颜色。

东北面的客厅 ★

东北方是鬼怪出没的方位。因此整洁干净十分的重要。最有效的方法就是时刻注意清洁卫生和通风透气，并且多使用宗教性质的装饰物。在天花板上安装风扇可以保持客厅的气流通畅。白色有立体纹样的墙纸是不错的选择，但要注意壁纸褪色的时候要及时地更换。白色的条纹或方格纹样的窗帘适合东北面的客厅。

在我们的居住空间中卧室与人的精力有着直接联系。卧室是一个缓解身体疲劳，帮心灵找到安宁，为我们身体重注入能量的地方。是一个与相爱的人一起见证爱情，结下爱情盟誓的场所。所以相对来说，它是一个非常能体现吉凶的空间。那么怎样才能打造一个属于自己的安静舒适、充满爱意的卧室呢？接下来就让我们通过风水装修来营造一个能够改变自己人生的空间吧。

设计人生的空间——卧室

Part4

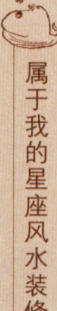

积蓄爱的空间——卧室风水装修

夜里若无法进入酣睡，白天就会精神萎靡不振。卧室对于使用者身体能量的形成有着举足轻重的地位，因此卧室的功能和构造都非常的重要。

当我们睡觉时，身体与大地是平行的，所以那时特别能感受到大地传给我们的气场。如果室内装修合适恰当的话，就能接收到好的气场，如果室内装修不太合适则会接收到带有煞气的气场。卧室是我们缓解一天的疲劳，安静休息的私人空间。它往我们的身体中注入新的能量，让我们积极地去迎接新一天的挑战。它与我们的生活、我们的健康、我们的社会活动都有着密不可分的关系，所以说卧室可以规划我们的生活这种说法一点也不为过。

卧室里收纳衣服或鞋子的柜子前要设置门或屏风，务必要摆放在看不见的地方。

卧室装修中，首先要注意的就是床的方位。若床头的朝向冲着厨房、卫生间或者浴室等水流不断的地方是不吉利的。因为这些地方是水与水的交汇处，而且有水流动的卫生间、浴室和厨房里的煞气会使人体的能量消散。

第二点要注意的是要活用窗帘。风水学中有这样的说法：钱财和爱情要在别人看不见的地方才能慢慢地滋生。卧室的光线要适当地昏暗才能产生财运和爱情运。如果卧室里有大窗户的话就一定要使用窗帘来调节屋内的光线。

最后要注意的一点就是床的形状。床头对睡眠者的头部有着直接的影响。因此在选购的时候要对床头的形状格外的注意。不要选用那些床头形状繁复的床，因为它们容易接收到复杂的磁场，使生活变得坎坷曲折。

一种良策。

衣帽架不宜摆放在卧室里。因为衣服在外边沾染了各种各样的煞气，不利于人摄气养神。尤其当人进入毫无防备的睡眠状态后，衣服上的煞气会干扰睡眠。

*主卧室要选用最宽敞舒适的房间

主卧室相当于家的主人。让孩子使用主卧的做法并不明智，如此一来大人会被孩子的气场镇住，所以家中最宽敞舒适的主卧室应当留给大人使用。

将床头柜放置在床两侧，便形成镇住左右煞气的左青龙右白虎阵势，家中自然吉星高照。如果没有床头柜镇住煞气的保护阵势，主人便无法得到安宁静谧的睡眠。

从房门看，卧室内侧是卧室里最能藏风聚气之所。若是夫妇两人居住，则应当让气场较弱的人睡在内侧。除此之外，周期性地更换睡觉的位置也不失为

*将床放置在可以看见门的地方

床不宜正对房门。若以此种方式放置，外部的煞气会直冲头顶，因此床宜于稍微避开房门处放置，即与门成对角线的地方为放置床的最佳方位。

床向着门放置能看清进出的人。如果条件不允许，在床的对面挂上一面镜子，这样也能使卧者在床上就能看见房间的人员进出情况。

购置睡床时应格外注意床头的形状。选用形状繁复的床头，睡觉的时候会接收到复杂的磁场，进而使生活之路变得坎坷曲折，所以应尽量避免选购此类床头为佳。

设计人生的空间——卧室

年轻人应选用线条柔和的床头,中年人则比较适合流线型的床头。最理想的床头是圆形棱角,流线型设计且没有图案花饰的床头。

*避免将床头朝向有水流动的方向

床头直冲卫生间是非常凶险的。酣睡的时候容易受到卫生间里污气秽气的影响,横生口舌之灾,与异性的关系会变得复杂,谣言会使你的名誉受损,生活变得坎坷。床头正对窗的方向是床最佳的摆放位置。若能与墙成平行关系就更好了,在床与墙壁之间剩余的位置放置桌子,架子或者花盆都能使房内的气流更通畅。

卧室光线过于明亮也不太好。适当的昏暗能够使夫妻间的感情变深厚。如果卧室的窗户较大,一定要使用窗帘来调节屋内的光线。

卧室是缓解一天疲劳,让人静气敛神的地方,所以气流的流动要平和一些。如果卧室中悬挂了过多的装饰物就会阻挡着气流的流动,使室内的空气变得污浊,卧室的主人就无法进入酣睡。

*给卧室留白的美

最好不要在卧室的墙壁上挂这样那样的小饰品。大小适中的钟表、画幅、普通的日历、色彩柔和的风景画这些都可以悬挂。若能将剩下的地方留白,会使生活就会变得更平和更润泽。

窗帘可以左右一间卧室的气氛。即使是小窗户也建议最好使用双层的窗帘。并且根据季节的变化来更换窗帘,最少也要准备冬夏各一套,2~3年就将窗帘更新一次。

要避免使用黑色或深灰色这种比较灰暗的枕头。喜欢睡懒觉的人将头正对着东方就寝,早上就能早起。像病人这类需要充分休息的人群若能对着西方这个方向就寝,就能得到良好的睡眠。

不要在卧室内摆放电子用品,它们所发射出的微波会损伤我们的生物钟。如果一定要放置的话,请尽量摆放在离床头较远的地方。

在风水装修学中,黑色枕头是很不吉利的。

只适合我的
卧室风水装修

十二星座与星座特性：牧羊座aries 金牛座taurus 双子座gemini 巨蟹座cancer 狮子座leo 处女座virgo 天秤座libra 天蝎座scorpio 射手座sagittarius 摩羯座capricorn 水瓶座aquarius 双鱼座pisces

＊在西方，古巴比伦的天文学家们为了寻找黄道做了不懈的努力。他们将黄道两边各8度的区域称为黄道带，也叫兽带，并将其系统化，加以命名。这也就是我们今天所说的黄道12宫。

＊如果我们将浩瀚的宇宙看作一个天球，天球的位置会随着岁差运动而稍有改变，但是黄道十二宫的运行总是保持在黄道带中。

＊太阳按照北天的双鱼、牧羊、金牛、双子、巨蟹、狮子和南天的处女、天秤、天蝎、射手、摩羯、水瓶这样的顺序，在每一个星座里大约停留一个月。

＊黄道十二宫用占星学术语来表示的话就是十二星座。在占星学中，十二星座有着这样的特征：世界上存在的所有事物的影响力和他们的脉络都是一致的。十二星座的特质是合并和区分世界上所有概念的基础。一个人出生时，行星的位置会对他的性格和特质产生很大的影响。

＊分析心理学家卡尔·古斯塔夫·犹恩曾经说过这样一句话：某一瞬间发生的所有事情已经具有了那个瞬间的特征和性质。因此我们可以这样说，一个人出生的那一瞬间，已经具有十二星座的特质，这一特质可以向我们解说这个人的性格和命运。这样的研究统称为生辰占星学。换句话说，生辰占星学就是根据一个人出生时所属的星座来研究这个人的命运。

＊生辰占星学的根本就是让人有能够掌握在自己命运的机会。"我是个怎样的人？"，"我与谁相遇才会找到想要的幸福？"等等，帮助自己更好更透彻地了解自己，为自己找到最适合的环境。

＊十二星座的特征和姿态就像人们行事的反应拥有各自固有的特征一样，有着显著的区别。用风水装修的方法来透视生辰占星学，为自己打造一个最优质的生活环境。

牧羊座

aries：3/21～4/20　时而像波涛、时而像露珠

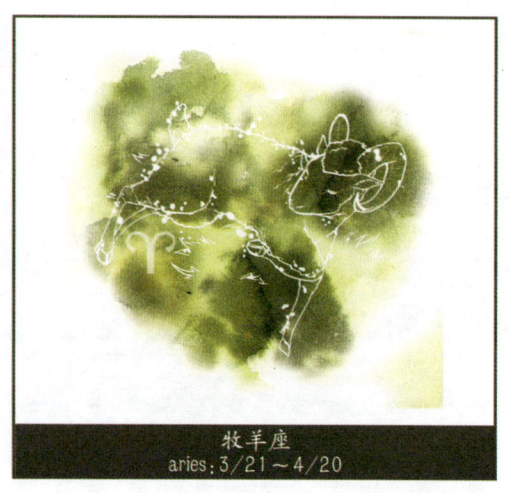

牧羊座
aries：3/21～4/20

牧羊座就像一座活火山。他们就像夜空中的火焰一般华丽，喜欢幻想。品味高雅的他们梦想着得到如电影小说般浪漫唯美的爱情，再加上他们渴望得到别人的认可，所以总是不断地确认自己的爱情，如果一刻感受不到被爱与被保护，他们就会十分的不安。

牧羊座的人性格非常率真，就像明澈的露水般透明。但他们也拥有波涛般的激情，例如会敢于在人潮拥挤的场所对自己心爱的人做出爱的告白，或者在公开的场合大胆表明自己的想法。

我们时不时会看到这样的场合：有人在公众场合突然公开向恋人求婚，这样的人一般都是属于牧羊座的。由此可见牧羊座的爱情是如此的洁净透明。只是心急吃不了热豆腐，所以以失败告终的情形也时有发生。

牧羊座的人在展开一段新的爱情的时候，进展的速度常常令人吃惊。开始快，判断快，决定也快。但是在展开热恋后如果一旦他们认为对方不是自己所苦苦寻找的人，就会毫无眷恋地结束这段爱情，如此闪电般的速度往往会引起人们的误解。

♥最来电的星座——绝配

狮子座、处女座、射手座、水瓶座

■尚可配对的星座——普通

牧羊座、双子座、双鱼座、天蝎座

✗ 不协调的星座——厌恶

金牛座、巨蟹座、天秤座、摩羯座

♥绝配

牧羊座+狮子座＞光与影

梦幻般的情侣，能够一起实现目标。彼此都对对方非常的满意，只要能相互交流，相互沟通，对于他们而言，天底下就没有难得倒他们的事。

＊Advice：过于强烈的欲望也可能会被认为是不正常的

＊该学习的：独立、热情、出众的领导力

＊缺点：争强好胜、不现实、嫉妒心强

＊尚待改进的：占有欲过强的话就会变成嫉妒

牧羊座+射手座＞干柴烈火般

很有未来，十分成功的情侣组合。从搭档到情侣的路途并不会很艰难，只要有行动就能成功地成为情侣。看着生活中充满阳光的一面就会对自己所选择的另一半感到非常地满足。

＊Advice：必要时要懂得相互迁就

＊该学习的：平衡感、乐观、从容的言行

＊缺点：浪费、不现实、按主观意识行动

＊尚待改进的：要有共同背负责任的意识

牧羊座+处女座＞时针与分针

非常了不起的情侣搭档。处女座精确的分析力，清醒的头脑和大胆的性格都吸引着牧羊座的你。你能够尊重处女座的理性与智慧，相互激励就能获得成功。

＊Advice：订阅成人杂志

＊该学习的：诚实、有创意、十分渴望成功

＊缺点：低调、争斗心、包容心不足

＊尚待改进的：夫妻生活就像联播一样一本正经

牧羊座+水瓶座＞总是像最初一样

他们总是不断地寻找新事物，之后便心急地开展自己的行动。当他们投入到了两人的世界后，就会渐渐的感觉到被束缚，最后心生厌恶。对于这一点是要特别注意的。

＊Advice：有时候输就相当于赢

＊该学习的：动感、充满活力、和谐的行动

＊缺点：不安定、险恶、情感贫瘠

＊尚待改进的：不要堆积压力

狮子座
(leo：7/23～8/22)

处女座
(virgo：8/23～9/23)

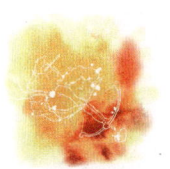
射手座
(sagittarius：11/23～12/24)

水瓶座
(aquarius：1/20～2/18)

■普通

牧羊座+牧羊座＞干柴烈火

若不能试着去彼此理解对方，两人的关系就会变得很紧张。将家布置得温暖一些就会感受到生活的平和。当你们开始找寻共同的目标或兴趣时，渴望已久的幸福就很快会降临到你们的身上。

*Advice：吵架时也不要分房睡

*该学习的：组织性、挑战精神、交际精神

*缺点：永无止尽的竞争、对抗性、说话过于直接

*尚待改进的：不要把自己的伴侣当作王或王妃

牧羊座+天蝎座＞是艺术，还是淫邪

收获比失去更多。两人虽然拥有不同的追求，但是双方能够相互认同并互相协作。夫妻间的性生活应该像情色演员的演出一样富有激情。

*Advice：有时候要适当的保持阴险的性格

*该学习的：愉快、挑战性、热情的姿态

*缺点：喜欢搞分裂、过激、占有欲强

*尚待改进的：相互节制一下你们过分的激情

牧羊座+双子座＞梦里的空中楼阁

初见面时火花四溅，但热情会随着时间的流逝慢慢衰退。虽然希望每天生活都能快乐开心，但还是有必要去寻找一些安静舒适的时光。

*Advice：婚姻就像一场马拉松

*该学习的：信任、挑战、关怀

*缺点：意见冲突、欲望过多、不现实的态度

*尚待改进的：不能每天都一边开派对一边生活

牧羊座+双鱼座＞做夫妻比恋人更合适

独立心强，性格明朗的你对于对方内向又市侩的模样十分的失望。但是婚后就会成为一对现实又进取的伴侣。

*Advice：偶尔分房睡、会让你们更想念彼此

*该学习的：多才多艺、成功、理解

*缺点：悖逆、混乱、以自我为中心

*尚待改进的：制定共同的目标

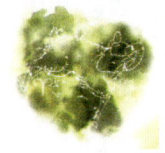

牧羊座
(aries：3/21~4/20)

双子座
(gemini：5/21~6/21)

天蝎座
(scorpio：10/23~11/22)

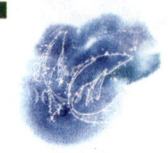

双鱼座
(pisces：2/19~3/20)

✗ 厌恶

牧羊座+金牛座＞朋友ok，恋人no！

两人可以成为非常好的朋友，但是如果要做恋人的话就容易产生很多问题。就算是做爱那主要也是因为本能需要而并非感情。比起一张舒适的床，一本了不起的书更让牧羊座喜欢。

*Advice：定期地看色情电影等映像制品

*该学习的：开拓精神、谦虚、客观

*缺点：自私、没计划、固执

*尚待改进的：抛弃那种瞬间的欲望

牧羊组+天秤座＞水和油

需要十分努力才能在一起的情侣。相互都对对方太不关心。想要维持恋人关系的话，应该试着将你的关心和热情适当地分散到房间清洁等方面。

*Advice：水滴石穿

*该学习的：坚决、世故、爱教育人

*缺点：逃避现实、竞争、高压姿态

*尚待改进的：试着理解对方的感情

牧羊组+巨蟹座＞即使相距不远，也像在千里之遥

巨蟹座对你野心勃勃的计划充满了厌恶。再加上因为你的鲁莽，常常会逼迫对方，以致伴侣认为和你在一起是十分困难的一件事。

*Advice：避免义务式的夫妻生活

*该学习的：独立、精神的、勇敢

*缺点：敌对感、好战心

*尚待改进的：相互尊重和信赖

牧羊组+摩羯座＞你往山，我向海

对于总能享受多彩生活的你而言，对方这种凡事都强调原则的态度让你感到吃力。与其改造对方，倒不如怀着一颗尊重和珍惜对方个性的心去生活。

*Advice：Case by Case

*该学习的：细心、成功、尽力而为

*缺点：容易紧张、破坏心、挑衅的态度

*尚待改进的：认可对方原有的世界吧

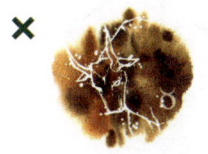
✗ 金牛座
(taurus：4/21～5/20)

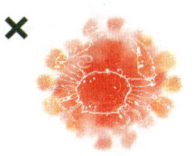
✗ 巨蟹座
(cancer：6/22～7/22)

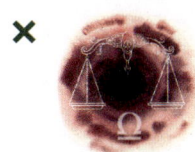
✗ 天秤座
(libra：9/24～10/22)

✗ 摩羯座
(capricorn：12/25～1/19)

*牧羊座男子的爱情

牧羊座的男子十分容易沉浸在气氛中。他们有着刚强的一面，总是气势昂昂，不惧怕变化。但是在爱情方面却不是如此，十分容易受到气氛的影响，可以在气氛的感染下发生一段没有爱情的恋情。一旦得不到保护就会觉得不安的他们，理想的恋人是可以给予他们保护的较为年长的女子。

在恋爱中，他们不会耍花枪或者有一些滑头的举动。同时应避免去做一些脱离常规的举动。但是因为他们总是倾向于一步登天，因此当他们遇见心仪的女子时，就会一鼓作气，开展猛烈的攻势。他们往往会陷入盲目的爱情中，所以问题可能会出现在令人出乎意料的地方。

与一个人长时间的恋爱相比，牧羊座的男子更喜欢开展一段新恋情。因为面对不同的感情他们会有不同的变化，而且能够动摇他们的要素十分之多。但是如果使用过于世俗的方法是不会使他们离开的。喜欢就是喜欢，不喜欢就是不喜欢。所以即使是在热恋中，只有感觉到厌恶他们就会毫不犹豫地提出分手。

牧羊座男子拥有剧烈燃烧的热情和冲动的性格，总是十分坚持自己的想法，所以他们失败的概率比较大。他们总说爱情不是儿戏，但是却偏爱那种迅速热恋迅速冷冻的闪电恋爱。理想中的异性是有理性且感情丰富的女性。

*牧羊座女子的爱情

牧羊座的女子不喜欢受到拘束的爱情。她们一方面追求永恒的、令人窒息的灼热爱情，但另一方面又不希望受到任何人的束缚，希望一直自由无拘束。她们拥有夏日阳光般的热情，她们相信并积极地追求爱情。在她们内心深处，将男人们分为有缘有分和有缘无分两种。

她们的相遇和离别都如同电光火石般。她们炙热燃烧着的爱情到了分开的时候也并不会有丝毫犹豫，就这样将这份爱情放下。她们天生就知道吸引男人的方法，恋爱的技术出色。她们富于技巧性的交际和勇者的精神让无数男子为之流泪，并给他们带来难以治愈的伤痛，一方面她们又十分厌恶别人对她们的约束。

大部分的牧羊座女子都幻想着与一

个帅气的男子拥有一段浪漫唯美的邂逅。当她们发现一个合心意的男子时，首先会去接近并观察他。但是她们并不是完全地感情用事，所以显得对爱情耐心不足。

为不能实现的爱情而烦恼，围着自己爱的人打转，这些事对于牧羊座的女子来说简直是天方夜谭。但是她们不论是难过还是高兴都能直言不讳，拥有坦率的性格。牧羊座的女子在床上十分地积极主动，容易达到高潮。牧羊座的女子热情似火，总能与爱人分享火热激情的性爱。

*牧羊座的性爱风格与卧室风水咨询

对于牧羊座的人而言，爱情就相当于他们的生命。喜欢得到别人认可的他们，在恋爱的时候总是一刻不停地不断确认自己的爱情。因为他们若是在爱情中得不到被保护的感觉，就会变得十分不安。他们的爱炙热而纯粹，他们对于爱情，总是对爱充满了渴望。

他们的性爱就像他们的爱情观一样热情似火。他们虽然拥有火热燃烧的欲望，但并不能长时间地持续，很快就会冰冷下来。如果不能控制这种冲动的倾向，可能会出现严重的问题。牧羊座一旦上了床，就只会拼了命地往前冲，把情趣都抛到九霄云外，所以他们会在冲锋中失败，或者只能享受一个人快乐。

那现在让我们开始制造一间能让牧羊座与伴侣心意相通的的卧室吧。为了让牧羊座的节奏放缓，做足前戏，首先必须要制造出平和的氛围。极具蛊惑力和刺激感的氛围，能够让他们享受一段轻柔舒适的前戏，慢慢地去品味其中的滋味就能找到乐趣。

让我们来看看能使牧羊座的气场更强大的卧室装修吧。

牧羊座的人适合华丽的装修。将床摆放在卧室的中央，能让牧羊座的人感觉到自己是这间卧室的主人。原木色调，曲线型的床头且设计明朗高雅的床是最佳之选。明亮的单色花纹床套和绿色、黄色的枕套是不错的搭配。在床头一定要摆放床头柜。对于喜欢幻想的牧羊座来说，铁制的床会截断他们的生气，十分的不吉利。如果不能更换床，就请在床单被褥下铺上木板，在床边摆放圆叶子的绿色植物，也可以阻挡一部分的煞气。

如果卧室的窗开在西面，就一定要用厚厚的窗帘将夕阳阻隔在窗外。黄色系和褐色系的窗帘色都不错。给人稳重感的原木家具和色彩明亮鲜明的梳妆台都很适合牧羊座的人。

在电视和音响的旁边应摆放各种各样的花，且应用小花瓶分开插，插有一簇花的大花瓶是牧羊座的禁物。花的颜色可以选用粉红，黄和白等等。如果卧室的主人性格比较消极的话，可以摆设紫罗兰色系的编织物装饰品。想要拥有生机与活力的话，可以用黄色或白色的小物品来装饰房间。

安装照明调节器，可以调节灯光，不要让房间有太过光亮的感觉。就寝前将灯光调节到较为微弱的灯光，这样不会妨碍入睡。在床边摆放水瓶或挂一幅描绘海边的画幅，可以增强性欲。

牧羊座

Bedroom

Consulting

1. 将床摆放在卧室的中央能让人意识到自己是这间卧室的主人。
2. 曲线型的床头且设计高雅明快。
3. 铁制的床会截断生机活力，是十分不吉利的。
4. 明亮的单色花纹床套。
5. 选用绿色，黄色的枕套。
6. 床头一定要摆放床头柜。
7. 给人稳重感的原木家具。
8. 色彩明亮鲜明的梳妆台。
9. 电视和音响的旁边应摆放花朵，不要用大花瓶，使用小花瓶分开插。
10. 床边摆放花瓶或挂一幅描绘海边美景的画幅，可以增强性欲。

金牛座

taurus：4/21～5/20　时而像防腐剂，时而像灯塔

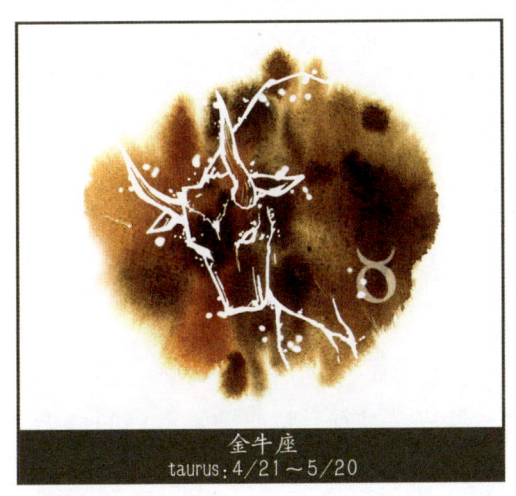

金牛座
taurus：4/21～5/20

金牛座的人非常善于控制自己的情绪，所以为了不让自己对某些事物陷入太深，他们会努力的去控制情绪，因此他们的本意常常会被人误会，有时甚至会产生摩擦。他们一旦下定决心就会固执地坚持到底，在性生活方面也是如此。他们接受每一件事，但是只追求对自己有利的一面。

金牛座的人非常善于选用适当的方法来包装自己，很会打造自己的形象，因此别人眼中的他们是十分明艳耀眼，光芒四射的。为了不让自己不好的一面暴露在人们面前，他们总会尽自己最大的努力去为自己树立好形象。在他们眼中私生活是十分可贵的。此外，他们不会将自己觉得不满意的事情展现在世人面前。属于外热内冷型性格。

金牛座非常的现实，因此即使是在恋爱的时候，也会时刻计算什么对自己有利什么对自己不利，然后再做出决定。争取自己想要的东西时会十分拼命。属于比较吝啬的类型，因此他们不属于勇于奉献或者会为某项事业献身的人。金牛座的人只有在当事情对自己有益时才会对其抱以关心，他们总是一边衡量事情一边计划下一步的行动。

金牛座的人非常地有耐心，下定决心的事一般不会再更改，所以比较可靠。但是他们不轻易相信别人，也不会轻易交出自己的心，因此难以与伴侣共同搭建起爱的宝塔。但是如果能百分百地信任对方，那么情况就会在那一刻发生改变，直到自己受到伤害之前都会尽心尽力的努力帮助和照顾伴侣。

♥最来电的星座——绝配

　　巨蟹座、狮子座、处女座、摩羯座

■尚可配对的星座——普通

　　金牛座、双子座、射手座、双鱼座

✖不协调的星座——厌恶

　　牧羊座、天秤座、天蝎座、水瓶座

♥绝配

金牛座+巨蟹座＞高山流水天作之合

两个人都比较现实，并且有着相同的兴趣爱好。相同的兴趣可以将两人的心紧紧地拴在一起。要为对方做出真挚恳切的努力。

*Advice：可能会因为冲动的行为而失去很多东西

*该学习的：艺术细胞、乐观、具有独创性的行为

*缺点：嫉妒心、排他性、具有破坏性的行为

*尚待改进的：当两人想法不一致时，要分析原因

金牛座+处女座＞忘我的爱

比较相配的情侣。虽然思考的方向稍有不同，但是因为双方都比较理性，可以用两人的智慧去克服。搭档做事时能在短期内得到满意的结果。

*Advice：应该拥有适当的罗曼史

*该学习的：理解、献身、坦率的生活态度

*缺点：神神秘秘、过激、悲观的言行

*尚待改进的：要结婚的话就要抛弃私心

金牛座+狮子座＞泉涌般的开心畅快

两个人都属于外向型性格，因此呆在家中的时间较少。在家的时候，可以一起邀请朋友来家做客，这样就能拥有愉快的时光。只要能够包容忍耐对方，两人就会拥有精彩纷呈的生活。

*Advice：不要对对方抱有否定的想法

*该学习的：感受、教育、富有建设性的生活态度

*缺点：讥讽、固执、悲观的言行

*尚待改进的：再诚恳坦率些

金牛座+摩羯座＞墨与砚

是一对有品位、关系良好的情侣。两人都喜欢理性氛围，所以在安静整洁的环境中，在谈天说地间一起细细地去品味茶茗的清香，能使两人的爱情顺畅无阻。

*Advice：身心合一的性爱就是你们的天国

*该学习的：正直、诚实、责任感强

*缺点：顽固、不现实、有攻击倾向

*尚待改进的：过度的竞争是自取灭亡的捷径

♥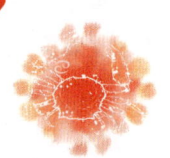
巨蟹座
(cancer: 6/22～7/22)

♥
狮子座
(leo: 7/23～8/22)

♥
处女座
(virgo: 8/23～9/23)

♥
摩羯座
(capricorn: 12/25～1/19)

■ 普通

金牛座+金牛座＞有适合的地方，也有不适合的地方

生活节奏非常相似，因此不管做任何事情都很合拍，但双方都应该认可并尊重对方独立的思考方式。如果相互约束的话，就会使问题变得严重。

＊Advice：对自己要坦诚

＊该学习的：感性、教育、多情

＊缺点：斗争性强、悲观、诸多要求

＊尚待改进的：嫉妒心可以使生活变成一团乱麻

金牛座+射手座＞计算器和算盘

两人都有非常强的占有欲。要努力在现实中发现对方的长处，而且碰到障碍能够相互配合，以维持良好的关系。

＊Advice：适当的保留秘密能增加生活的活力

＊该学习的：节制力、坚强、有效地理财

＊缺点：疑心、唯利是图、公然地争夺主动权

＊尚待改进的：要避免成为金钱的奴隶

金牛座+双子座＞画中的美食

两人都是性格明朗，比较现实的人，但是因为比较缺乏责任感，所以若想要过没有摩擦的生活会比较困难。做朋友对于两人来说是个不错的选择，但是若想成为情侣或者夫妻就必须学会照顾对方。

＊Advice：进退有度

＊该学习的：有魅力、富有建设性的、独立的生活

＊缺点：散漫、反抗心理、没责任感

＊尚待改进的：要抛开自己的私心杂念

金牛座+双鱼座＞鸡蛋里的盐

如果能够激发对方的优点就能成为一对美满的情侣。两人都拥有高雅的兴趣和一颗热爱美好事物的心灵。但是如果态度冷淡，总是从否定方面去思考的话，两人就会连普通的对话都无法进行。

＊Advice：享受愉快的文化之旅

＊该学习的：多才多艺、社交能力、牺牲精神

＊缺点：冷淡、具有破坏性、冷静的判断力

＊尚待改进的：过于宽容就相当于屈服

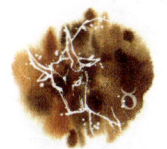
金牛座
(Taurus: 4/21～5/20)

双子座
(gemini: 5/21～6/21)

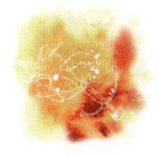
射手座
(sagittarius: 11/23～12/24)

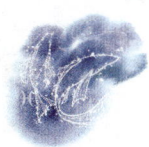
双鱼座
(pisces: 2/19～3/20)

✕ 厌恶

金牛座+牧羊座＞朋友ok，恋人no

两人可以成为非常好的朋友，但是如果要做恋人的话就会产生很多问题。就算是做爱的时候也是本能需要多于感情。更喜欢一张舒适的床，一本了不起的书。

*Advice：定期地看色情电影等映像制品

*该学习的：开拓精神、谦虚、客观

*缺点：自私、没计划、令人头疼固执

*尚待改进的：抛弃那种瞬间的欲望

金牛座+天蝎座＞苦恼的源泉

冷静而尖锐的判断力能给对方有益的忠告。但是感情方面，两人总是反复无常，爱情之火就像干柴烈火一样燃烧得快，熄灭得也快，顺之两人的心也燃烧而尽。

*Advice：人不能总是机械地生活

*该学习的：挑战精神、锐利、适当的判断力

*缺点：破坏性、过于率直、淡薄感情

*尚待改进的：两人比较适合短而激烈的争吵

金牛座+天秤座＞热烈燃烧着的火花

两人都不太能够接受对方文化方面的趣向，但是在性爱方面却有绝佳的契合度，因此可以建立一个幸福的家庭。

*Advice：坦率地向对方表明自己的感情吧

*该学习的：热情、强烈、社会交际的态度

*缺点：强迫观念、不稳定、总有很多不满

*尚待改进的：性生活并不是人生的全部

金牛座+水瓶座＞硬币的两面

对于两人而言，都是一段十分辛苦的恋情。彼此之间充满了疑心，只将目光集中在对方有缺陷的一面。加上过于斤斤计较的性格，因此在很多事情上因为抱有期望而得到巨大的失望。

*Advice：身体接触是不用花钱的交流方式

*该学习的：乐观、热情、从容地开始

*缺点：斤斤计较、物质主义、期望过多

*尚待改进的：梯子要一级一级地爬才快

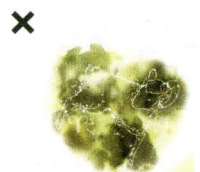

牧羊座
(aries：3/21～4/20)

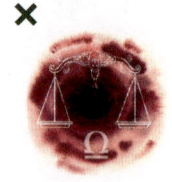

天秤座
(libra：9/24～10/22)

天蝎座
(scorpio：10/23～11/22)

水瓶座
(aquarius：1/20～2/18)

*金牛座男子的爱情

金牛座的男子们精力充沛,是执拗的化身:一旦制定了目标,就无论如何都一定要完成。在爱情方面也不例外,他们会为一个在街头偶遇的心仪女子而改变自己的人生,为了获得意中人的心,甚至可以不惜代价地做出任何努力。他们拥有水滴石穿一样的执着精神,不达目的誓不罢休。

为了达到目的,他们有时候会做出一些让人觉得毒辣的事情,令人畏惧。他们的嫉妒心和占有欲也非常之强,要求诸多,所以在交往过程中,只要伴侣有一点异常的表现,他们就立刻会投去疑惑的目光,更不允许对方违背两人的约定,甚至到了如果对方一旦失约就要求分手的程度。但是他们也是那种为了保护心爱的女子能为她做任何事情的男人。

想要捉住金牛座男子的心,只要稍稍采取积极主动的攻势就可以轻松地赢得他们的心。但是,金牛座的男子对于缺乏集中力以及在某方面看起来有缺点的女生会不感兴趣。

与金牛座男子在一起的时光是十分美妙的。他们有时会用深情而温柔的目光包围着你,呵护着你;有时你又会看见他们仿佛孩童般的纯真模样,仿佛在寻找母亲的关怀。想要他们有所行动,必须积极主动一些,且应具有非凡的包容力才行。他们的理想情人是像空谷幽兰般没有任何修饰,非常纯洁知性的女性。

*金牛座女子的爱情

金牛座的女子在任何时候都对爱情充满了渴望。常常梦想着如同影片中的女主角一般,遇见自己生命中的另一半,但却因为心中的畏惧而常常在爱情面前踌躇不前。金牛座女子的心灵柔嫩而易受伤,稍微粗鲁一点的对待都会使她们的心灵破碎,因此她们应与那些性情温和,能给予她们庇护的男子相恋。

金牛座的女子不会轻易向别人敞开自己的心扉,也不擅长去接受别人的爱情。在她们的眼中,爱情与面包同等重要,充裕的生活环境对她们而言也十分重要,所以她们比较倾心于那些事业有成,有一定经济基础的男子。

当她们拥有了爱情之后,就会成为

一心一意的纯情派，努力使自己成为伴侣心目中的理想情人。他们在所有星座当中，是对伴侣最忠实的。就算受到了伤害也不会轻易地抛弃对方。即使心在淌血也会在自己的爱情阵地上坚守到最后一刻，为了坚守自己的爱情阵地，她们一面流泪一面等待。所以对于她们而言，宁缺勿滥，绝不会临时找人来填补心灵的空缺。

象征着万物复苏繁衍的金牛座，他们所拥有的能量并不逊色于任何人。在床上也同样精力旺盛。她们十分的性感，喜欢缓缓地长时间的性爱，因此男方必须要有充分的精力和持久力才能满足金牛座女子。

*金牛座的性爱风格与卧室风水咨询

属于感官主义者的金牛座对于视觉、嗅觉、味觉、听觉和触觉这五感的反应十分敏感，在香味与美食面前无法自拔的金牛座在床笫之间也是如此。

金牛座的爱情是充满情欲的。他们对于可视部分有着特别的关心，因此非常重视视觉方面的感受。象征着丰饶的金牛座拥有旺盛的精力与能量，他们带着孕育万物，繁衍万物的使命出生，而且他们充满了原始的本能性冲动，因此在性爱方面他们会毫无保留地全力以赴，使人沉溺于其中。

金牛座的人在情爱之事上追求感官的快感，像用舌尖去品味红酒的香气一般，从容地享受感官的乐趣。他们常常沉醉于其中，因此希望在这上面持续较长的时间。他们无法忍受公式般的性生活，在她们眼中，肉体上的欢愉能够让他们感受到莫大的幸福，性生活上的满足感是生活中不可或缺的重要组成部分。

金牛座的人确实应该多在卧室上进行投资。可能的话，让所有使你觉得别扭的地方都消失。为了能拥有一个宽松安宁的休息空间，卧室宽敞一些会比较好。至于室内的装饰物，那些能够满足感官且较为高档的装饰物比较适合金牛座的人。

粉红色和果绿色是卧室色彩装修不错的选择。柔嫩的单色比较好，但是要切忌使用红色，宜用绽放美丽花朵的花草和大大小小的绿色植物装饰卧室的阳台。

卧室的床要尽可能的大，床头如果采用简洁的设计且是原木材质的那就更好了。化妆台也请尽量挑选大的，若想在化妆台上面摆放有花纹的小物品或者几瓶香水的话必须要有足够的空间。

床罩可以选用色彩温和的颜色，地板材料则可以选用比较华丽的合成树脂制品。一般来说，将电视和音响放在卧室里是很不吉利的，但是为了满足金牛座在做爱时对感官的需求可以摆放。华丽的照明适合金牛座的人，同时，使用部分照明和架子也是很吉祥的。悬挂花朵、少女的画像，或者华美的季节风景画非常的不错。

喜欢漂亮的装饰物和悦耳音乐的金牛座，为了能在性爱前后品味甘甜的韵味，可以将一瓶红酒摆放在床头柜上，这是为了你们神圣甜美的性爱所准备的小物品。

Bedroom

金牛座

Consulting

1. 金牛座的人确实应该在卧室上进行投资，为了能拥有一个宽松安宁的休息空间，卧室宽敞一些比较好。
2. 粉红色和果绿色是装修卧室的不错选择，要避免使用红色。
3. 大而高级，原木材质的床，床头设计简洁。
4. 若想在化妆台上面摆放有花纹的小物品或者几瓶香水的话，必须要有足够宽的空间，所以请尽量挑选大的化妆台。
5. 暖色系花纹的床套。
6. 一般来说，将电视和音响放在卧室是很不吉利的，但是为了满足金牛座在性生活中对感官的需求可以摆放。
7. 在照明方面，华丽的制品很不错。同时，使用部分照明和架子也是很吉祥的。
8. 悬挂花朵，少女的画像、或者华美的季节风景画。
9. 地板可以选用比较华丽的合成树脂制品。
10. 一瓶摆放在床头柜上的红酒，这是为了神圣甜美的性爱所准备的小礼物。

Tip: 用绽放美丽花朵的花草和大大小小的绿色植物装饰卧室的阳台。

双子座

gemini：5/21~6/21　时而像云，时而像风

双子座
gemini：5/21~6/21

他们拥有相互分离的双重性格，所以他们总是试图同时向两个不同的方向行动。即使是恋爱中的他们也会试图去寻找另一段感情。一旦沉迷于什么事物，就会专心致志地忘我投入，这样的特征会让他们的情绪出现不安定的症状。

他们多才多艺，适应性强。可以同时展示各种不同的才能，也可以同时从事两份以上的职业。双重的性格也适用于双子座的爱情：同时和两个完全不同类型的人恋爱对他们而言并非难事。在双子座的眼中，一脚踏两船完全是件没有问题的事情。

快乐的他们总是生机勃勃，活力四射。他们不吝啬于赞美别人也乐于接受别人的赞美。在事业和爱情上同样也充满着活力，对每件事情都能迅速灵活地

去把握，正确圆滑地去处理。他们随机应变的能力无与伦比，通常他们不会用普通的方法处理事情，并且总能完美地解决掉所有困难的事。

耐心不足的他们会很容易感觉到无聊而去寻找刺激的事物，一旦找到了自己感兴趣的事情就会马上做出决定，所以在他们的人生旅途中会经历很多种不同的职业。

♥ 最来电的星座——绝配

　　巨蟹座、狮子座、天秤座、水瓶座

■ 尚可配对的星座——普通

　　牧羊座、金牛座、双子座、天蝎座

✗ 不协调的星座——厌恶

　　处女座、射手座、摩羯座、双鱼座

♥ 绝配

双子座+巨蟹座＞伊甸园里的亚当与夏娃

伴侣顾家的性格会让你很有安全感。而双子座和善的性格则可以化解对方忧郁情绪。如果结婚的话，会是一对能够相互理解，相互关怀的夫妻。

＊Advice：快乐与堕落就像伙伴一样
＊该学习的：生动感、创意、尽善尽美
＊缺点：多变、即兴、目标易动摇
＊尚待改进的：不要光说不行动

双子座+天秤座＞沙漠中的绿洲

幸福的遇见。能够相互了解对方的要求，包容对方的缺点。产生的问题也可以通过两人良好的沟通和协作来解决。懂得享受自己的个人空间才能更好地享受自己的丰富多彩人生。

＊Advice：与其幽会，倒不如光明正大地见面
＊该学习的：有远大抱负、社交能力、照顾对方
＊缺点：依赖心、以自我为中心、逃避现实的生活态度
＊尚待改进的：当问题出现时不要逃避，要勇于去面对

双子座+狮子座＞在云端漫步的伴侣

两个人都非常地独立而且也非常地现实。性格比较急躁，因此如果不是自己想做的事情是不会和伴侣协力解决的。两人灵活性好，所以总能做出适当的妥协。

＊Advice：适当地调情是两人的一剂良方
＊该学习的：现实、独立、灵活性好
＊缺点：耐性不足，以我为中心的性格
＊尚待改进的：要获得必须先给予

双子座+水瓶座＞心与心的交流

非常协调，很合拍的一对情侣。灵活性极佳的两人即使产生了问题也能够运用智慧去顺利化解。总是盼望着热情的交往，即使是对预料不到的事情也很有忍受力。

＊Advice：期望越大、失望越大
＊该学习的：理解、直观、融通性
＊缺点：不现实、过于斤斤计较、奔放不羁的性格
＊尚待改进的：自私的行为是通往决裂的捷径

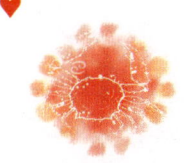
巨蟹座
(cancer: 6/22～7/22)

狮子座
(leo: 7/23～8/22)

天秤座
(libra: 9/24～10/22)

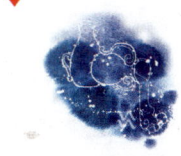
水瓶座
(aquarius: 1/20～2/18)

■普通

双子座+牧羊座＞梦里的空中楼阁

初见面时火花四溅,但热情随着时间的流逝会慢慢衰退。虽然希望每天生活都能够快乐开心,但还是有必要去寻找一些安静舒适的时光。

*Advice：婚姻就像一场马拉松

*该学习的：信任、挑战、关怀

*缺点：意见冲突、欲望过多、不现实的态度

*尚待改进的：不能每天都一边开派对一边生活

双子座+双子座＞不停奔驰的野马

太过于了解对方的心思而不能坚持原则的两人。两人都十分地热情且有很强的独立性。给对方一片宽松的空间吧,如果相互束缚的话,夫妻之间就会难以融洽相处。

*Advice：多种多样的技巧并不一定是好东西

*该学习的：适应力、创造力、行动迅速

*缺点：散漫、烦心、令人厌烦的行动

*尚待改进的：让冥想的时间再多一些吧

双子座+金牛座＞画中的美食

两人都是性格明朗,比较现实的人,但是因为比较缺乏责任感,所以两人若想要没有摩擦的生活会比较困难。故两人做朋友不错,若想成为情侣或者夫妻那就得学会照顾对方。

*Advice：进退有度

*该学习的：有魅力、富有建设性、独立的生活

*缺点：散漫、反抗心理、没责任感

*尚待改进的：要抛开自己的私心杂念

双子座+天蝎座＞时而像风,时而像云

在一定的范围内,两人是完美情侣档。两人都十分会享受人生也懂得妥协的重要性。只要不去破坏对方的情绪,你们的婚姻生活就能活力四射。

*Advice：谁都应该偶尔做一回色情电影的主人公

*该学习的：献身精神、社交能力、妥协精神

*缺点：享乐、破坏性、言行神经质

*尚待改进的：要不时地回首过去

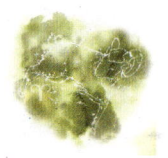
牧羊座
(aries: 3/21～4/20)

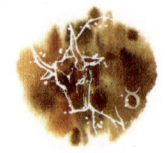
金牛座
(taurus: 4/21～5/20)

双子座
(gemini: 5/21～6/21)

天蝎座
(scorpio: 10/23～11/22)

✗ 厌恶

双子座+处女座＞出故障的信号灯

两个的个人主张都比较强，而且性格都比较易怒，很难拥有完满的婚姻生活。要试着去了解伴侣的变化，在枯燥乏味的生活中寻找新的亮点。

*Advice：每月一起旅行一次以上
*该学习的：献身精神、实用性
*缺点：社交能力差、多变、缺乏恒心
*尚待改进的：跟着钱走就会成为钱财的奴隶

双子座+摩羯座＞或伤心，或苦涩

难以完满协调的情侣。喜欢自由的表达自己想法的你和勤劳现实的伴侣，两人在追求的生活目的上有着本质上的区别。

*Advice：一年要给对方一两次自由的时间
*该学习的：正直、独创性、真实的生活
*缺点：匿避、自暴自弃、对事情的判断操之过急
*尚待改进的：追求完美、结果什么事都没有做

双子座+射手座＞出故障的水龙头

自立心强而且活力四射的两个人，会因为对方无休止的活动和没有一贯性的态度而感到心急。即使是鸡毛蒜皮的小事也能引起两人的争执，是一对比较让人汗颜的情侣。

*Advice：产生矛盾的话就在床上解决吧
*该学习的：感性、生产性、勤勉的生活态度
*缺点：独裁、鲁莽、总是责怪别人
*尚待改进的：努力地相互协调吧

双子座+双鱼座＞露水夫妻

每当节假日时，一个人想独处或者静静地休息，而另一个人却喜欢两人一块儿出去转转。想摆脱这样的差距还需要双方很大的努力。

*Advice：三次长、三次短
*该学习的：感性、热情、进取的思考方式
*缺点：意外、破格、过度的批评精神
*尚待改进的：要抑制那种一时冲动的感情表达

✗
处女座
(virgo：8/23～9/23)

✗
射手座
(sagittarius：11/23～12/24)

✗
摩羯座
(capricorn：12/25～1/19)

✗
双鱼座
(pisces：2/19～3/20)

*双子座男子的爱情

双子座的男子能给人带来清新气息,他们举止优雅灵活,富有魅力,反应灵敏,在任何情况下都能向众人展现自己独特的气质,举手投足间充满自信。为人热情,能吸引众多女性的目光,颇受女性垂青,拥有花花公子般的气息。

他们平时喜欢展现自己的本事,去诱惑别人,当对方被他吸引过来的时候却冷静地转身离开,可以同时和很多女性交往但绝不深交。作为双子座男人的伴侣,对于他与其他女人这种比较轻浮的交往要睁一只眼闭一只眼才能保持长久的交往。

活跃的生活态度使他们明白人生是充满欢乐的。双子座的男子擅长辞令,诙谐幽默,在聚会中他们的出现很快能使气氛热烈起来,所以和生活丰富多彩的他们恋爱的女性会拥有很多新奇别样的经历。双子座对于性爱的要求不怎么强烈,对于他们而言,共同呼吸和心灵交流,比肉体上的满足更能够让他们体会到幸福。

喜欢各式各样能使他们享受到快乐的技巧,喜欢刺激神经末梢那种惊心动魄的感觉,所以如果想要和他们维持持久恋情的话,必须要不断地给他们惊喜和刺激。他们理想的梦中情人是既能与他们进行柏拉图式的精神恋爱,也能够和他一起进入情色世界且拥有明朗性格的性感女性。

*双子座女子的爱情

对于双子座女子来说,爱情是愉悦欢快的。性格开放的她们行动自由奔放,无条件拒绝一切束缚她们的东西。浑身充满着蓬勃的朝气和流动着芬芳活力的她们,看起来有些喧哗和高傲,甚至有些自满。为了实现梦想中的东西,她们会和别人一起去寻找完全不一样的经历。

双子座女子是欲望的化身。她们拥有以自我为中心,不断追求新事物的多变性格。喜欢冒险,十分冲动,即使遇见了新情况也不会有太大的担心。她们不会深思熟虑,不会畏惧困难,所以事事都不会遇到障碍。

她们与生俱来的拥有活跃现场气氛的才能,即使在一个她们不应该干预的陌生场合,也会在某一瞬间显示出连自己也不知道的本领。她们喜欢同时做很

多件事的性格在爱情方面也是一样，与一个新的人相遇时就会在那里展开一段新恋情，但是她们通常会马上失望，然后分手，如此反复。

双子座的女性极容易对事物产生厌烦，所以在性爱方面也拒绝平庸。为了不让她们感到厌烦，要不停的准备许多节目，在做爱的时候也要勇于尝试各种各样的场所，例如沙发、厨房等新奇的地方都能够为她们带来一场别开生面的性爱体验，同时也要勇于尝试多种多样的体位。

*双子座的性爱风格与卧室风水咨询

双子座是永远的自由人。向往自由，为了寻找自由总是漂浮不定，一旦受到拘束就会觉得无比的痛苦。即使是关心的领域也会随时转变，他们在爱情上也是如此，虽然品味到了爱情的甘甜，却不愿意为此担负责任，所以他们更享受那种比起肉体接触所负的责任要小的精神恋爱。

双子座的性爱风格十分地独特，喜欢比较刺激的性爱。多种多样的体位和不同的场所里的翻云覆雨是双子座秉持的性爱最高原则，但是他们并不是属于欲望十分强烈的类型。因为与肉体上的欢愉相比，精神上的交流更能给予他们快乐。

考虑到双子座在性爱风格上是追求不断变化和渴望享受更多方面技巧的星座，因此必须要努力去营造出合适的卧室，而要想营造出一间适合的卧室，就必须要注意装修双子座卧室的要点：自由。让我们来看看能发扬双子座活跃情感的卧室风水装修吧。

为了给双子座的性爱一些适当的刺激，应使用多种多样的方法来装修卧室。因为对性感带的反应特别敏感，所以应选用那些质感温和的小物品，而不要选用那些感觉凄冷，不成对的装饰品。床头柜选用稍微大一些的比较好。给人冰冷感的画幅是双子座的禁物；与其只挂一幅画，不如挂两幅画，寓意着成双成对的两帧画幅是吉祥的象征。

营造一间风格清新的卧室，应将床摆在房间的中央，床头朝东放置，床套和窗帘统一使用白色系。不要让整间房的氛围显得过于复杂。如果想要有一些灵动的气息，可以使用有花纹的物品，条纹也是个不错的选择，地上最好不要使用地毯。

选用大一点的睡床，享受多种方法带来的快乐，可以利用两张单人床来制造房间别致新奇的气氛。在床旁边放置多功能的柜子，根据情况，最好能为房间营造一种雅静的氛围。

将电视和音响摆放在即使躺在床上也可以舒服观看的位置上，这样做爱的时候可以提高氛围。用华美的花来装饰化妆台的周围，为了营造隐约的美感，照明方面应该使用间接照明，最好使用可以任意调节亮度的照明调节器。

把那些零星的家具移到其它房间里，以保持卧室的利落干净。经常注意检查废纸篓里是否堆积有垃圾，没有垃圾的废纸篓也是一个召唤幸运的秘密武器。如果在卧室的东面悬挂一幅描绘火红的日出景象的画幅就能使双子座的爱情如火一般燃烧。

双子座

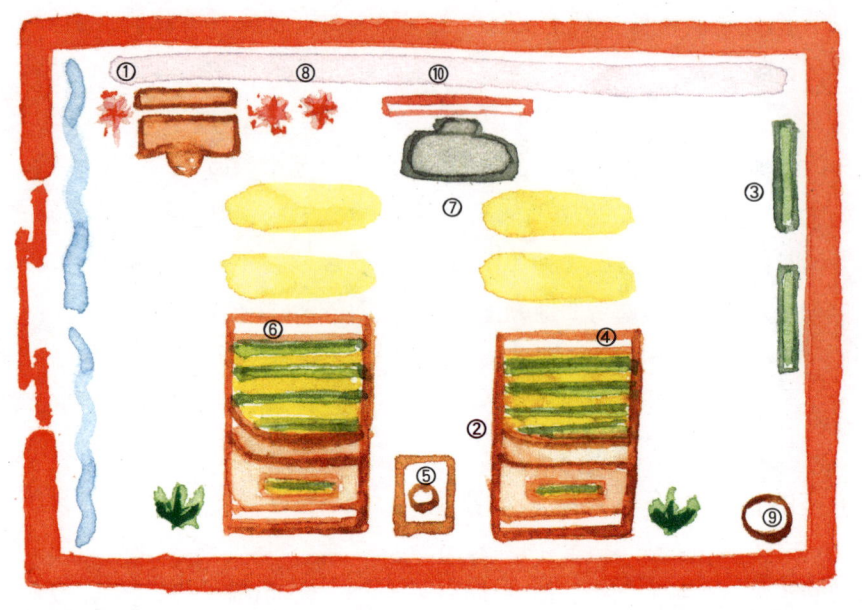

Consulting

1. 因为常使用多种多样的技巧且在受到适当的刺激时,性感带的反应非常敏感,所以要挑选那些质感温和的小物品来装饰房间。
2. 选用稍微大一些的床头柜。
3. 给人冰冷感的画幅是双子座的禁物。与其只挂一幅画,不如挂两幅,寓意着成双成对的两帧画幅更加吉祥。
4. 将床摆在房间的中央,床头朝东放置。享受多种方法带来的快乐,利用成对的单人床来制造房间别致新奇的气氛。
5. 在床旁边放置多功能的柜子,为房间营造一种雅静的氛围。
6. 床套和窗帘统一的白色系,不要让整间房的氛围显得过于复杂。条纹也是个不错的选择。
7. 为了提高在做爱时的氛围,将电视和音响摆放在即使躺在床上也可以观看的位置。
8. 化妆台的周围用华美的花来装饰。
9. 经常注意检查废纸篓里是否堆积有垃圾,废纸篓里没有垃圾也是一个召唤幸运的秘诀。
10. 如果爱情之火趋于冷却,就在卧室的东面悬挂一幅描绘火红的日出景象的画幅吧,它能使爱情之火热烈燃烧。

巨蟹座

cancer：6/22~7/22　时而像棉花糖，时而像烛火

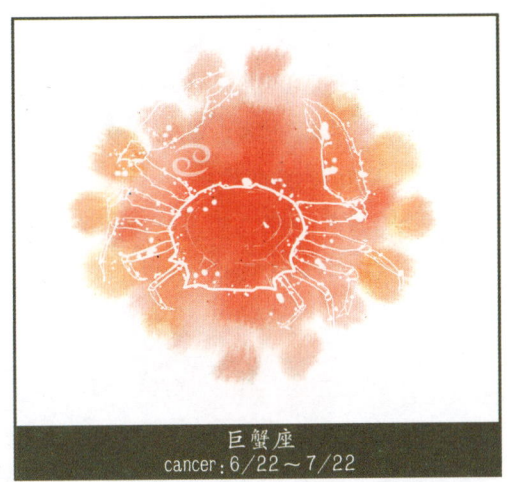

巨蟹座
cancer：6/22~7/22

巨蟹座情绪丰富，他们总是透过自己内心丰富的情感来洞悉这个世界。他们比较敏感，所以在感情上很容易发生动摇，拥有瞬间往返于天堂与地狱般的易变性格。做事小心谨慎，自我防备意识强，不会让别人看见自己的内心，所以即使与他们交往很久，也很难了解他们心里的真实想法。

巨蟹座的为人非常执著，一旦开始交往，他们就不会轻易放手离开。他们的情绪阴晴不定，心情好的时候会让周围的人都感到快乐，一旦他们的心情不佳，就会不停地将无名火发泄到周围的人身上，让周围的人觉得十分难受。他们的性格中也有会设身处地为别人着想的一面，所以会将他们的脾气控制在一定范围内。

巨蟹座的人烦恼众多，过于小心谨慎，趋于病态。不会轻易向别人吐露自己的心声，只是自己叨念。为人直观且想象力丰富，有比较强烈的厌世情绪。出现新的情况时，最先做最坏打算，因而常常苦恼，内心深处夹杂着不安，所以总能看见他们垂头丧气，意志消沉的表情。

巨蟹座属于居家星座，对家的爱恋比任何人都要强烈，同情心和保护欲都很旺盛，因此只要能让自己的伴侣感到开心，他们愿意做任何事情。如果能够不去约束对方，那绝对可以成为模范情人。

♥最来电的星座——绝配

　　金牛座、双子座、天蝎座、双鱼座

■尚可配对的星座——普通

　　巨蟹座、狮子座、处女座、射手座

✕不协调的星座——厌恶

　　牧羊座、天秤座、摩羯座、水瓶座

♥ 绝配

巨蟹座+金牛座＞高山流水天作之合

两个人都比较现实,并且有着相同的兴趣爱好。相同的兴趣可以将两人的心紧紧地拴在一起。要为对方做出真挚恳切的努力。

*Advice：可能会因为冲动的行为而失去很多东西

*该学习的：艺术细胞、乐观、具有独创性的行为

*缺点：嫉妒心、排他性、具有破坏性的行为

*尚待改进的：当两人想法不一致时,要分析原因

巨蟹座+天蝎座＞爱情佳话

能让对方感到温暖的亲密伴侣。两人间的关系舒适而稳定,真正地关心彼此。对方恭谨端正的言行能带来愉悦感。

*Advice：要控制自己的好奇心

*该学习的：性感、献身精神、保护能力

*缺点：不现实、占有欲、无穷无尽的欲望

*尚待改进的：让对方看到自己真实的模样

巨蟹座+双子座＞伊甸园里的亚当与夏娃

顾家的性格会使伴侣感到很有安全感,而伴侣和善的性格则可以化解忧郁情绪。如果结婚的话,就会成为一对相互理解,相互关怀的夫妻。

*Advice：快乐与堕落就像伙伴一样

*该学习的：生动感、创意、尽善尽美

*缺点：多变、即兴的、目标易动摇

*尚待改进的：不要光说不行动

巨蟹座+双鱼座＞雪中梅

浪漫的邂逅。对方能够从头到尾地读懂富有同情心,心思细腻的你,让你感受到真爱的力量。

*Advice：女性喜欢被慢慢接近的那种感觉

*该学习的：同情心、果断、居家言行

*缺点：依赖心、溺爱、极强的自尊心

*尚待改进的：要适当地接受对方的忠告

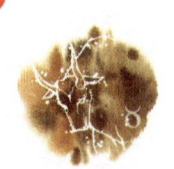

金牛座
(taurus：4/21～5/20)

双子座
(gemini：5/21～6/21)

天蝎座
(scorpio：10/23～11/22)

双鱼座
(pisces：2/19～3/20)

■普通

巨蟹座+巨蟹座＞是仿冒品还是珍品

两人的家庭观念极强，因此可以组成一个和睦的家庭。两人也都可以互相容忍对方的缺点，但是唯一的问题就在于两人都比较喜欢奢侈的生活。

*Advice：不要将孩子单独留在家

*该学习的：家庭观念、献身精神、端正的生活

*缺点：攻击、被动、依赖

*尚待改进的：不要在孩子身上耗费全部的精力

巨蟹座+处女座＞理想VS现实

当对方看到感情丰富且依赖心重的你时，会激发起他们本能的保护欲望，

但是有时候过度的自我怜悯和撒娇的态度也会成为你们之间的问题。

*Advice：伴侣并不是你的父母

*该学习的：职业气质、现实、完美主义

*缺点：唯利是图、感性、内荏的感情处理

*尚待改进的：要有一定的雅量

巨蟹座+狮子座＞口干舌燥

生活节奏稍有不同。天性亲切温和的你总是认为对方还有2%的不完美，而一再地去要求对方些什么。两人之间比较容易产生摩擦。

*Advice：在做爱的时候要明确的告诉对方自己的喜好

*该学习的：挑战精神、高贵优雅的样子

*缺点：极端、隐秘、自以为是的样子

*尚待改进的：不要过分的隐藏自己

巨蟹座+射手座＞分享与实践

你过于敏感且时常梦想着非现实的理想世界，而伴侣则是一个贪欲心重、斤斤计较的人。两人之间的差异非常之大。对方有可能会因为你的日常消费过高而离开你。

*Advice：即使只是一点小小的恩情，也要学会感激

*该学习的：亲切、宽容、冷静的分析力

*缺点：贪欲心重、容易受挫、斤斤计较

*尚待改进的：爱情并不是电影

巨蟹座
(cancer：6/22～7/22)

狮子座
(leo：7/23～8/22)

处女座
(virgo：8/23～9/23)

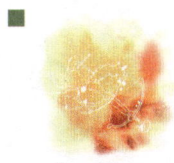
射手座
(sagittarius：11/23～12/24)

✗ 厌恶

巨蟹座+牧羊座＞即使相距不远，也像在千里之遥

你对牧羊座野心勃勃行为充满了不满。而且牧羊座的鲁莽会常常逼迫着你，因此在你的眼中，两人的相处是十分困难的。

*Advice：避免义务式的夫妻生活
*该学习的：精力充沛、独立、大志向
*缺点：敌对情绪、好战心
*尚待改进的：相互尊重和信赖

巨蟹座+摩羯座＞开始结束

为人慎重，忍耐力强的伴侣和感情丰富善变的你，两人的恋情并不快乐。

尤其是消费型的你会对储蓄型的伴侣有些厌腻。

*Advice：禁欲生活对于一般人来说是不必要的
*该学习的：现实、规律、强有力的决断力
*缺点：不安定、依赖心强、过强的道德观念
*尚待改进的：不是所有的事情都可以接受

巨蟹座+天秤座＞对不起，因为不能相爱

性格截然不同的两人并不是十分相配的情侣。对彼此的关心有时过了头，而有时候又略显不足，双方因为关心程度的问题而常常产生争执。

*Advice：性爱是为了感受爱而进行的行为
*该学习的：逻辑性、同情心、牺牲精神
*缺点：多血质、没心眼、爱讽刺别人
*尚待改进的：抛弃感情用事和懦弱的生活方式吧

巨蟹座+水瓶座＞沉默的爱

性格爽朗，喜欢漂浮不定的伴侣对每件事都很大度。但并不能给予你一切你渴望的东西。你需要多多努力，去理解对方。

*Advice：要理解对方的生活方式
*该学习的：家庭观念强、推动力、肯定的思考方式
*缺点：优柔寡断、不满、漠不关心
*尚待改进的：不要陷入悲天悯人的情绪中

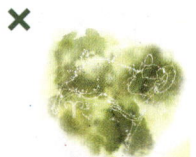

牧羊座
(Aries: 3/21～4/20)

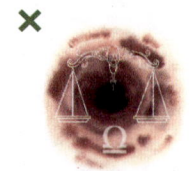

天秤座
(libra: 9/24～10/22)

摩羯座
(capricom: 12/25～1/19)

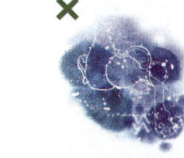

水瓶座
(aquarius: 1/20～2/18)

*巨蟹座男子的爱情

巨蟹座男子的爱情中会闪现出火热的一面，但是他们吝啬于爱意的表达，不会轻易地向对方展开自己的心。即使不是什么特别的事，只要遭到拒绝，就容易受到大的伤害。因为他们的变通性不足且自尊心强，所以如果直接地指出他们的缺点，即使你们之间有很深厚的感情，他们的态度也会变得像冰一样冷淡。

巨蟹座的感情起伏非常大。虽然有时候会看到他们善变和歇斯底里的一面，但是他们并不是属于那种争斗型的性格。基本上来说，他们讨厌纠纷和竞争，把让步认为是一种美德。做决定的时候他们会站在对方的角度为对方着想，他们是懂得关怀照顾人的浪漫主义者，这是巨蟹座性格中值得肯定的一面。

要想对巨蟹座的爱情做出预测是十分困难的。他们虽然是那种做事一心一意，不会半途而废的人，但是他们一旦陷入了爱河就会变得十分盲目，不懂得分辨是非，即使是难如上青天的事也会尽自己的最大努力。但是一旦接近了之后就会厌烦所有的事，只想那样安然地生活下去就好。

在选择伴侣上，巨蟹座更重视女性的内在美。在自己感到困难和艰辛的时候，能够给予自己庇护，拥有母性光辉的女性会令他们倾心。想要和他们维持一段长久的恋情，创造一段令人羡慕的爱情佳话，就应该营造一个有宁静甜美感的卧室。

*巨蟹座女子的爱情

对于巨蟹座的女性而言，爱情就像点亮家中的灯火一样。巨蟹座的女子拥有一颗多情而温暖的内心。她们多半都是贤妻良母类型的女子，为爱情牺牲再多也不会觉得可惜。一旦将自己的心交给了对方，对伴侣情深意重的感情就不会轻易改变。但是对于她们认为不是姻缘中注定的男子就会表现得无比的冷淡。

她们相信宿命，所以第一印象对在她们的判断中影响很大。如果感觉良好就会立刻陷入其中，对于与自身无关的东西漠不关心。她们没有擦身而过的恋情和所谓的罗曼史，而且她们非常执著，所以一旦陷入了爱情当中就常常要求对方做出爱的保证。即使是一点烦恼也会让她们受到伤害，是流着惆怅眼泪的柔嫩女性。

她们会尽可能的不去伤害别人，但也厌恶别人侵犯自己的领域，所以会在自己和他人之间建立一定的隔阂，所以会让其身边的人心里有些难受，感到与她们之间有一堵无形的墙。

有着强烈独占欲和占有欲的巨蟹座女子在任何时候都渴望出现一个如和煦阳光般温暖的慈祥男子，用宽大的心胸去理解包容她们在爱情上的波澜，同时在物质和感情上都能够引导他们的男人是她们的理想伴侣。因为巨蟹座的女子是顺从型的女子，对她们而言，依从对方的要求做事能使她们感受到幸福。

*巨蟹座的性爱风格与卧室风水咨询

对于巨蟹座的人而言，爱情比什么都重要。因为他们就是那种为爱情而活的人。对爱的忠诚使得纯朴热情的他们在陷入爱河之后就会难以自拔。对伴侣十分的执着，他们的这种爱情表现在床上也是一样。

巨蟹座重视性爱的规律和原则，特别是在性爱场所的选择上更是如此。在他们眼中，性爱是十分隐秘的、不容为外人所道的行为，他们不会向任何人提起任何有关性爱的事情。再加上他们对场所的要求非常的挑剔，所以为了让他们拥有火热性爱，选择一个能让巨蟹座有安全感的场所非常重要，否则他们难以享受到性爱的欢愉。

他们喜欢让对方掌握主动权，这样更能让他们感到幸福。在感情发生动摇的时候必须给他们一个安静舒适的喘息空间，所以一间让他们感到舒心的卧室就显得无比的重要。而且在做爱之前，一场能够确认爱情的前戏十分重要。充分的前戏可以令他们陷入爱的漩涡，更加地投入。因此，卧室的气氛对于巨蟹座的人来说十分重要。让我们来看看能够给予巨蟹座心灵更多宽慰的卧室风水装修吧。

运用装修使巨蟹座的卧室充满安全感。黑暗阴沉的氛围会让本身就充满了不安的巨蟹座感觉更加辛苦。可以用有趣的装饰物让房间变得明朗、高级一些。

属于水向星座的巨蟹座若能运用与水有关系的颜色和装饰物就能够提升运势。如摆放萦绕着水气的鱼缸，能让他们体会到新鲜爱情的欢乐气息。选用银色或淡青色的物品来装修卧室可以让心灵感到雅静。

将设置有床头柜的床摆放在窗边。这样床头柜所形成的左青龙右白虎的阵势可以守护着睡觉的人，给予巨蟹座特殊的安全感。

设计华丽的床比较适合巨蟹座。单色水珠纹样或者象征着波涛的波纹型的床单都是不错的选择。意味着海堤的黄色或者土黄色是枕头套的理想颜色。选用颜色和设计相似的窗帘能够让心灵享受到安宁。

在窗户和床旁摆放一些绿色植物。用高级的装饰品来装饰梳妆台。比较明亮的照明能够给巨蟹座增添祥和之气。对于靠回忆生活的巨蟹座来说，那些深刻着他们美好回忆的画幅或照片，以及旅游纪念品用来装饰房间的话，是使他们燃烧爱火的好方法。

巨蟹座

Consulting

1. 能给人安全感的卧室装修。
2. 可以用比较有趣的装饰物让房间变得明朗、高级一些。
3. 如果摆放水气萦绕的鱼缸，就能体会到新鲜爱情的欢乐气息。
4. 选用银色或淡青色的物品来装修卧室可以使心灵感到宁静。
5. 选用素材较为奢华的床，并将其置于窗户边，在床的旁边摆放绿色植物。
6. 在床的两侧摆放床头柜可以形成左青龙右白虎的阵势，得到保护。
7. 单色水珠纹样或者象征着波浪的波纹的床单都是不错的选择。
8. 意味着海堤的黄色或者土黄色是枕头套的理想颜色。
9. 窗帘也选用与枕头套颜色相似黄色或土黄色能够让心灵享受到安宁。
10. 工艺精制的化妆台。

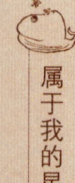

属于我的星座风水装修

狮子座

leo：7/23～8/22 时而像太阳，时而像皇帝

狮子座
leo：7/23～8/22

他们拥有与众不同的思考方式。即使是包装自己的时候也要和别人不同，努力表现自己个性鲜明的一面。虽然喜欢比较华美的风格，但整体感觉似乎有一些懈怠。只要一有空隙就会表现出他们散漫的一面，在衣着方面尤能体现。

狮子座拥有领袖风范和超凡的魅力。利用自己宽容，热情的心和乐天的性格，总能轻易的将喜欢的人变为自己的伴侣。善于交际且天生就拥有领导才能。

狮子座拥有富丽华美的生活，高傲的帝王气质，对于他们而言，生活本身就极具戏剧性，狮子座的生活就是一场华丽的演出，这一点在他们的爱情生活中也同样适用。不论什么东西都要比别人优越。他们总是在宣扬这样一个观点：与其选择一场平凡的恋情，倒不如选择做单身贵族。在他们的词典里，不会出现"随便"，"大概"这类的单词。

狮子座总是以自我为中心，容易自我陶醉。竞争心强，所以若是一人独在高处而没有了对手，生活就是索然无味的。没有固定的竞争对手，不论是朋友还是父母兄弟都可能成为他们的竞争对手。他们是带着无限精力出生的人，对于自己喜欢的事情就会倾注所有的努力，使出浑身解数也要得到它。

♥ 最来电的星座——绝配

牧羊座、金牛座、双子座、射手座

■ 尚可配对的星座——普通

巨蟹座、狮子座、天秤座、摩羯座

✖ 不协调的星座——厌恶

处女座、天蝎座、水瓶座、双鱼座

♥绝配

狮子座+牧羊座＞光与影

梦幻般的情侣，能够一起实现目标。相互都对对方非常的满意，只要能相互交流，相互沟通，那么对他们而言，天下就无难事。

*Advice：过于强烈的欲望也可能被认为是不正常

*该学习的：独立、热情、出众的领导力

*缺点：争强好胜、不现实、嫉妒心强

*尚待改进的：占有欲过强的话会变成嫉妒

狮子座+双子座＞在云端漫步的伴侣

两个人都非常的独立也非常的现实。性格比较急躁，如果不是自己想做的事情是不会和伴侣协力解决的。但是灵活性极佳，所以总能做出适当的妥协。

*Advice：适当的调情是两人的一剂良方

*该学习的：现实、独立、灵活性好

*缺点：耐性不足、以我为中心的性格

*尚待改进的：要获得必须先给予

狮子座+金牛座＞欢快不断涌出

两个人都属于外向型性格，因此呆在家中的时间较少。在家的时候，可以一起邀请朋友来家玩，这样就会有一段愉快的时光。只要能够包容忍耐对方，就可以拥有精彩纷呈的生活。

*Advice：不要对对方抱有否定的想法

*该学习的：感受、教育、富有建设性的生活态度

*缺点：讥讽、固执、悲观的言行

*尚待改进的：再诚恳坦率些

狮子座+射手座＞一个屋檐下生活的一家人

拥有独特魅力，伶俐乖巧的你加上手段精明，很有本事的伴侣，会成为一对十分帅气亮眼的情侣。但是两人之间偶尔会出现吃着碗里瞧着锅里的奇妙关系。

*Advice：爱情是排解孤独的一种方式。

*该学习的：革新精神、感性、正确的爱情观

*缺点：强迫感、争斗心、容易受挫

*尚待改进的：要通情达理地看待对方

牧羊座
(aries:3/21~4/20)

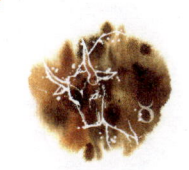

金牛座
(tautus:4/21~5/20)

双子座
(gemini:5/21~6/21)

射手座
(sagittarius:11/23~12/24)

■普通

狮子座+巨蟹座＞另一半要求完美

会时常产生摩擦的一对情侣，因为两人生活节奏稍有不同。天性亲切温和的伴侣总是认为你缺乏2%的完美，而一再的去要求你。

*Advice：在做爱的时候要明确的告诉对方自己的喜好

*该学习的：挑战精神、高贵优雅的样子

*缺点：极端、隐秘、自以为是的样子

*尚待改进的：不要过分的隐藏自己

狮子座+天秤座＞是梦幻般的关系，还是癫狂的关系

现实主义者与理想主义者的邂逅。虽然两人的性格天差地别，但对方却刚好拥有自己所缺少的一面，若能对伴侣的缺点睁一只眼闭一只眼，两人会拥有梦幻般的浪漫关系。

*Advice：一次在上边，一次在下边

*该学习的：果断、实用、从容的举动

*缺点：武断、顽固、自私的样子

*尚待改进的：不要让对方知道得太多

狮子座+狮子座＞伴侣还是破坏者

如果能够克制住自己的嫉妒心，就会是一对很不错的情侣档。当两人培养出真正的默契和协作精神的时候，就可以战胜任何困难，能够十分协调地一路相伴走下去。

*Advice：信任、再信任

*该学习的：自信感、好胜心、合适的均衡感

*缺点：嫉妒心、自满情绪、破坏心理

*尚待改进的：用"我们"代替"我"去思考

狮子座+摩羯座＞做同事Best，那做恋人呢？

充满自信，非常的了解对方到底想要什么。虽然两人都同样热衷于成功和金钱，但是都太过于以自我为中心了。

*Advice：用身体上的交流来解决产生的摩擦吧

*该学习的：洒脱、现实、非凡的洞察力

*缺点：不妥协、忧郁症、敏感

*尚待改进的：将事情想得轻松简单一些吧

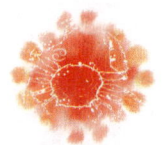
巨蟹座
(cancer：6/22～7/22)

狮子座
(leo：7/23～8/22)

天秤座
(libra：9/24～10/22)

摩羯座
(capricorn：12/25～1/19)

✖ 厌恶

狮子座+处女座＞擦身而过的姻缘

一段不愉快的姻缘。如果两人都不能相互适应，只是向对方显露出强烈的自我防备意识的话，就会成为一对不幸的情侣。彼此之间会容易用言语伤害对方的心。

*Advice：用身体上的碰撞来代替言语上的争吵吧

*该学习的：想象力、勇敢、出色的应变力和说服力

*缺点：矫作、反应敏感、不协作的态度

*尚待改进的：宽容的对待对方的缺点吧

狮子座+水瓶座＞分开的时候思念，在一起的时候有厌烦

各自生活在不同世界的两个人。如果不能抛弃善变和自我陶醉的生活，交往甚至结婚都不会给两人的关系带来很大的改善。

*Advice：如果经常做lip-service，则会成为真实情侣

*该学习的：率真、创造力、人情味

*缺点：警戒心强、忧郁、无谓的讥讽

*尚待改进的：按心中所想的去做

狮子座+天蝎座＞悲伤恋歌

感受不到对方为人真挚的魅力。性格复杂的你很难理解对方，彼此都认为对方无能，是会给彼此带来伤痛的一对情侣。

*Advice：要认清对方的真面目

*该学习的：集中的、主动的、明确的目标

*缺点：变化无常、冷淡、强调个人主张

*尚待改进的：应该及时地消除怨恨

狮子座+双鱼座＞同一屋檐下的两个家族

人生态度完全相反的两人。对于自己所处的状况总是抱有悲观的想法。认为自己受到了很大的伤害而想去寻找新的伴侣。

*Advice：结果那家伙还是那家伙

*该学习的：积极、有魅力的性格

*缺点：争斗心、自私、过于现实

*尚待改进的：如果不总是过于激动，就可以相爱

✖
处女座
(lvirgo：8/23～9/23)

✖
天蝎座
(scorpio：10/23～11/22)

✖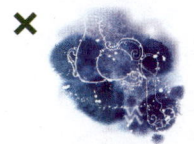
水瓶座
(aquarius：1/20～2/18)

✖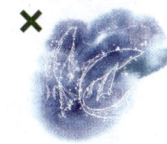
双鱼座
(pisces：2/19～3/20)

*狮子座男子的爱情

狮子座男子的爱情充满了热情，全身都散发着强烈而激情的男人味，拥有让对方无法抗拒的超凡魅力，这样的魅力轻易地可以将爱神之箭射入伴侣的心中。性爱能量就像满溢的熔炉，能够给对方刚强而浪漫的爱，是极具魅力的男子，且善于让女人感受到他们内心的爱。

他们不会轻易让与他们结缘的女性离开他们设下的爱情陷阱。每当伴侣疲惫和厌倦的时候，能够灵机一动，制造出欢乐气氛就是狮子座的男子。但是与他们坚强的外表不同的是，他们内心深处充满了孤单和寂寞，所以他们总是希望能从那些内心温暖，为人细心温柔的女子身上得到关心和慰藉。

狮子座男子都希望自己的伴侣能给他们一份稳定忠诚的爱，但是由于他们的心思不够细腻，所以常常因对方无法了解自己爱的心迹而感到心焦。虽然他们脾气火爆又十分敏感，有时还很善变，但是一旦与他们坠入爱河后你就会发现他们就像沼泽一样，使你难以自拔。

虽然狮子座的男子表面华丽，像花花公子般，但实际上他们是十分单纯的。他们对于那些内心温暖，性情温柔，能够轻柔地为自己指点方向的女子最为倾心。他们总是需要爱情，因此如果和狮子座男子相恋的话就要做好承担爱情全部责任的心理准备

*狮子座女子的爱情

狮子座的女子清秀华丽，热情且情感丰富。在她们的想法中，真爱是她们值得放弃生命的。她们更相信自己的感性而非理性，当感受到爱神降临时就会毫不犹豫地陷入到爱情当中。狮子座女子不断向未知世界挑战的模样让男性们感到性感而具有魅力。

狮子座女子个性鲜明，要得到别人认可才会心满意足。她们常常希望别人将目光都聚集在自己身上，非常地享受这种引人注目的感觉并将把它当成人生的指向。为了使自己生活变得更协调更气派，骄傲地生活下去，她们虽然会感到孤独，但他们绝不会在任何孤单面前低头绝望。

有时候富有野性的狮子座可能显得比较泼辣。狮子座女子善于运用她们强

而有力的推进力使小事情变成大事，使隐隐约约的事物变得强烈，这样一个有能力改造命运的星座吸收爱情的力量极强。她们不是那种会在家消磨清闲时光、享受安详宁静生活的女子，因此她们应该去邂逅那些有钱有名誉的男子。

狮子座女子为人傲慢，在任何情况下都不会抛弃自己的自尊心，不会放过任何一个表现自己的机会。她们需要的是一个能将自己捧若女王的男子。在床上她们同时要求性爱的质与量，即使在做爱的时候她们也同样要求自己是处在统治的地位，所以她们需要寻找那些能够与她们分享长时间欢愉的伴侣。

*狮子座的性爱风格与卧室风水咨询

狮子座的人大概就是为了检验自己能力，证明自己存在而出生的。为了证明自己的存在而不断努力的狮子座在床上也不例外。在听到伴侣的称赞之前他们会使出浑身解数，他们是真正的性爱高手。

狮子座的性爱就如同暴风骤雨般猛烈，持续的时间也相当地长。他们喜欢品味和享受这种长时间的欢愉，同时他们也希望能得到伴侣的赞许和认可。他们不喜欢那种不冷不热的、毫无激情可言的性爱，因为他们对性爱的自信心是无可比拟的。

为了能拥有最完美的结合，有几个地方当然特别的花心思。让我们来看看能使狮子座得到认可与赞扬，通过性爱能增强气场的卧室风水装修吧。

首先卧室要足够的宽敞。狮子座性格刚强，言出必行，喜欢炫耀自己的卓绝的领导才能，所以为了他们的自尊心，装饰物要显得大而华贵。

太阳是他们的守护星，而太阳光又是由白色和橘黄色组成的，因此白色或橘黄色系的色彩比较适合狮子座的卧室，而且白色和各种颜色都很相配，这也折射出一个狮子座的独特性格。为了让狮子座的热情保持在一个适当的量上，适当地使用金属装饰品也是风水装修中的一个极佳的校正方法。

对于狮子座来说床越大越好，即使没有伴侣也最好使用双人床并摆放两个枕头。床的颜色宜选用白色，在床的周围放置较高的架子和新鲜的植物能接收到年轻的活力气息，夫妇俩的生活就会充满甜蜜。

如果使用橘黄或者粉红等颜色较为华丽的床套，则能维持狮子座独特的感情，因为这些颜色都是可以刺激性冲动的颜色。

使用直接照明给房间带来明亮感是照明方面的要点。窗帘则使用和床套统一的颜色。想使用百叶窗的人可以选择白色或者米黄色。不锈钢的化妆台也很适合狮子座。将电视和音响摆放在东边或者南边。房间气氛不宜过于欢闹，只是在中央处适当地装饰比较华丽一些是狮子座风水装修的要点。

狮子座

Consulting

1. 卧室最好使用白色或橘黄色系的色调。
2. 为了能让卧室充满激情的氛围，适当地使用金属装饰品吧。
3. 床越大越好。单身贵族们也请使用双人床。
4. 床的颜色请选择白色并在床上摆放两个枕头。
5. 在床的周围放置较高的架子和新鲜的植物能接收到年轻的活力气息，爱情生活就会充满甜蜜。
6. 如果使用橘黄或者粉红等颜色较为华丽的床套，则能刺激狮子座的性冲动。
7. 使用直接照明给房间带来明亮感是照明方面的要点。
8. 铁质的化妆台是个不错的选择。
9. 若想使用百叶窗，请选用白色或米黄色。
10. 房间气氛不宜过于欢闹，只是在中央处适当地装饰比较华丽是装修的要点，狭窄陈旧的氛围不适合狮子座。

处女座

virgo:8/23~9/23 时而像一面镜子,时而似一杆秤

处女座
virgo:8/23~9/23

处女座做事一丝不苟,周到细心,而且有很强的决断力。当他们遇到棘手问题时,也能不掺杂任何的私人感情,而是巨细无遗地剖析之后再行动。直觉敏锐,做事极具条理性。在交谈过程中如果发现对方前后矛盾或者有什么漏洞就会非常中肯地指出,但冷冰冰的语气和态度会让伴侣很窝火。

处女座的人乐于奉献,具有牺牲精神。诚实纯真,心灵如水晶般晶莹剔透。帮助他人并不是为了给自己争面子,而是他们的献身精神使他们能够充分享受施予的乐趣,得到帮助的人也能愉快地接受她们帮助。对于自己确信的事却时常地发生失误。他们不会听从对方的意见,总是坚持己见有时也会让对方觉得很困扰。

处女座做事总是力求尽善尽美,是个典型的完美主义者。与别人合作做事时,即使事情的结果不尽如人意也不会抱怨对方,但总是太看重细枝末节,做事吹毛求疵。

处女座严格自制,过着像教科书一样刻板的生活,生活中总有百般禁忌,任何事情都是用最正常的方式来思考,不会脱离常规的思维去创新,但处女座内心深藏的本能却稍有不同。像模板一样千篇一律的单调生活也给处女座带来了很多辛苦。因为这样他们有时会被人认为拥有双重性格。

♥最来电的星座——绝配

　　牧羊座、金牛座、天蝎座、摩羯座

■尚可配对的星座——普通

　　巨蟹座、处女座、天秤座、射手座

◆不协调的星座——厌恶

　　双子座、狮子座、水瓶座、双鱼座

♥绝配

处女座+牧羊座＞时针与分针

非常了不起的情侣搭档。你精确的分析力,清醒的头脑和大胆的性格深深地吸引着伴侣,你的理性与智慧也能够得到伴侣的尊重。相互激励就能获得成功。

*Advice:订阅成人杂志

*该学习的:诚实、有创意、十分渴望成功

*缺点:低调、争斗心、包容心不足

*尚待改进的:夫妻生活就像新闻联播,一本正经

处女座+天蝎座＞光与影

分析力强,喜欢与恋人精神交流的你不会盲目地陷入爱河,或者盲目地去追随伴侣,性格温和的伴侣对于你的这一性格给予了充分的理解。

*Advice:完美的性爱是爱情的一部分

*该学习的:热情、信任、游刃有余

*缺点:争辩、过于理智、爱评判的性格

*尚待改进的:先思考、后决定

处女座+金牛座＞忘我的爱

比较相配的情侣。虽然思考的方向稍有不同,但是因为双方都比较理性,可以用两人的智慧去克服。搭档做事时能在短期内得到满意的结果。

*Advice:适当的罗曼史是不可避免的

*该学习的:理解、献身、坦率的生活态度

*缺点:神神秘秘、过激、悲观的言行

*尚待改进的:要结婚的话就要抛弃私心

处女座+摩羯座＞你是我的幸福

幸福完满的情侣。伴侣重视自尊心、自信心和责任感,而你则有能力,为人又诚恳。你们的爱情是建立在信任的基础上,不管做任何事情都能做出成绩。

*Advice:性爱不必拘泥于特定的形式

*该学习的:建设性、责任感、言行客观

*缺点:过分细心、条理性太强、自尊心过强

*尚待改进的:对小事别太较真

牧羊座
(Aries:3/21~4/20)

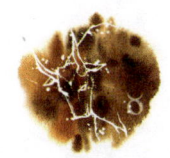

金牛座
(taurus:4/21~5/20)

天蝎座
(scorpio:10/23~11/22)

摩羯座
(capricom:12/25~1/19)

■普通

处女座+巨蟹座＞理想VS现实

当你看到感情丰富且依赖心重的伴侣时，就会激发起你本能的保护欲望。但是有时候过于的自我怜悯和撒娇的态度也会成为你们之间的问题。

*Advice：伴侣并不是你的父母

*该学习的：职业气质、现实、完美主义

*缺点：唯利是图、太感性、内荏的感情处理

*尚待改进的：要有一定的雅量

处女座+天秤座＞摩擦或者争斗

拥有很强分辨力的两人都不能试着去理解对方的缺点。你总是执著于自身的思考方式，伴侣不会总是容忍你的要求。

*Advice：忍耐是伟大爱情的开始

*该学习的：分辨力、坦率、令人佩服的勇气

*缺点：挑衅的、排他、悲观的态度

*尚待改进的：不要将自己局限在过去的事情中

处女座+处女座＞慢性的伤害

自以为是的言行常常会刺激到对方，不懂得去倾听对方的意见，但因为两人的责任感极强，只要能遵守基本的规则，就会相安无事。

*Advice：做爱的时候试着发出鹦鹉鸣叫般动听的叫床声

*该学习的：良心、责任感、勤勉的生活态度

*缺点：武断、自我主张、多血质的言行

*尚待改进的：绝对不要越过那条应该遵守的界线

处女座+射手座＞头与尾

并不是一对非常合拍的情侣。你总是觉得伴侣有一些不足之处，而伴侣也不太喜欢你凡事都斤斤计较的态度。

*Advice：肉体上的爱更坦率，更真诚

*该学习的：多样性、实用性、强劲的说服力

*缺点：批判性、合作意识差、消极的态度

*尚待改进的：多多挖掘生活中的五彩斑斓吧

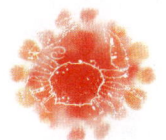
巨蟹座
(cancer：6/22～7/22)

处女座
(virgo：8/23～9/23)

天秤座
(libra：9/24～10/22)

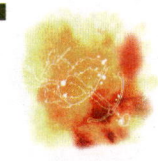
射手座
(sagittarius：11/23～12/24)

✗ 厌恶

处女座+双子座＞出故障的信号灯

两个人的主张都比较强,而且两人的性格都比较易怒,很难拥有完满的婚姻生活。善变的你要试着和伴侣共同寻找枯燥乏味的生活中的新亮点。

*Advice:每月一起旅行一次以上
*该学习的:献身精神、实用性
*缺点:社交能力差、善变、缺乏恒心
*尚待改进的:跟着钱走就会成为钱财的奴隶

处女座+狮子座＞擦肩而过的姻缘

一段不愉快的姻缘。如果两人都不能适应对方,各自显露出强烈的自我防备意识的话,就会成为一对不幸的情侣,彼此会用言语伤害对方的心。

*Advice:用身体上的碰撞来代替言语上的争吵吧
*该学习的:想象力、勇敢、出色的应变力和说服力
*缺点:矫作、反应太敏感、不协作的态度
*尚待改进的:宽容对待对方的缺点吧

处女座+水瓶座＞煽风点火

非常知性的你难以接受自己的伴侣,是一个总是向往着自由的理想主义者。但是如果能相互体谅,相互协调一些,还是可以成为一对不错的情侣的。

*Advice:婚姻是一道盖着盖子的佳肴
*该学习的:从容、计划性、干练的言行
*缺点:批判性、执拗、过于现实
*尚待改进的:与其试着说服,倒不如选择沉默

处女座+双鱼座＞风前摇曳的烛火

虽然两人很容易就会结婚,但是婚后生活却极难维持。虽然两人也有不能契合的地方,但若能相互理解与尊重,就能克服重重的困难。

*Advice:即使是义务性的夫妻生活也不能跳过
*该学习的:思索、勤劳、率真的感情
*缺点:没心眼、自以为是、怪异的性格
*尚待改进的:避免整天唠叨自己的决定

✗
双子座
(Gemini:5/21～6/21)

✗
狮子座
(leo:7/23～8/22)

✗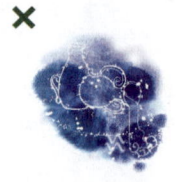
水瓶座
(aquarius:1/20～2/18)

✗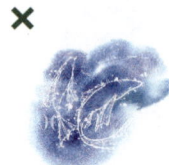
双鱼座
(pisces:2/19～3/20)

*处女座男子的爱情

处女座的男子拥有贵公子般的气质。对自己的要求也相当的与众不同,所以他们是兼具知性与品味的人才。在别人眼里他们永远身着整洁高雅的服饰,容貌端庄整齐,非常理智,做事有一套自己的行为准则。就是因为他们做事总是那么的严谨周到,因此看起来难以相处,但是一旦与他们亲近之后你就会发现,其实他们像棉花糖一样的甜美而且感情丰富。

处女座的男子都有很强的责任感,即使碰到难关他们也能轻而易举地度过。他们品行透明纯净,做事力求尽善尽美。他们聪慧伶俐,办事清楚有条理,但是所有事情都一手包办的个人主义也是他们的一个缺点。因为他们纯真而大方的表现常会被别人误会他们表里不一。

他们是梦想拥有一次清纯脱俗爱情的感伤主义者。他们会全心全意地投入鲜活健康的爱情中。总幻想着成为浪漫爱情偶像剧里的主人翁,但是他们的爱情表达方式比较含蓄,故而恋情看来非常寂寞。

他们外表冷漠淡然,内心却热情似火,是典型的内热外冷。当他们希望得到爱情的时候,就会以可爱、朝气蓬勃的一面去靠近心仪的对象。他们性格淳朴,总能体会爱情的幸福感。他们不喜欢不会打扮自己的女性,兼具知性美与天真气息且能让他们体会到浓浓爱意的女性们,会令他们心动不已。

*处女座女子的爱情

处女座的女子做事力求完美,有些挑剔,具有知性美但常傲视他人。她们有旺盛的批判精神,对任何事情都有一套详细的规划,分析力极强,处女座女子是青春与细腻的结合体。她们厌恶一切不完整、不洁净的事物,井然有序是她们所追求的,因此她们大多都有洁癖。一旦陷入爱河,处女座女子就会充分地体现出她们的甘于奉献的牺牲精神。

处女座的女子总能保存一颗赤子之心,充满了各式各样新奇美妙的梦想,总是沉浸在爱情的海洋里。她们做每件事都强调完整性和缜密性,不喜欢半途而废,做事有头有尾。但是处女座的人十分看重细枝末节,只见树木不见森林,常为了局部的完美而忽略了全局,反而使得做事效率降低。

虽然她们总是渴望着爱情，但当爱情真正降临的时候她们却总是犹豫不决。对于自己的一点都不放在心上，不知道应该如何去表达自己的爱意。她们更喜欢比较现实的爱。对她们而言，如沐春风般的爱远比那些热情似火的爱更值得信赖，正是因为她们这种小心谨慎的态度，所以如果你想要赢得处女座女子的芳心，就一定要带着你的耐心，自然地向她走近。

处女座的女子一边追求着她们的梦与希望，一边过着极度现实的生活，但她们沉浸在幻想中的时间还是很多的，所以她们也很能享受那种出乎意料的性爱。虽然她们有时也会追求这种脱轨的自由，但整体而言，她们爱情还是像教科书刻板，一样不会脱离正常的轨道。

*处女座的性爱风格与卧室风水咨询

追求知性与完美的处女座总是会用新知识，新学问来武装自己，将自己潜在的能力充分地发挥出来，总能轻易拥有胜利的他们在理论上是完美的，所以他们的性爱也能接近理想中的完美。为了创造一个与处女座性爱风格相仿的居家环境，隐秘是装修中的要点。

摆脱处女座对性爱的消极想法是当务之急。要抛弃这样的想法：性爱是一种为了稳定自己本能性要求的努力，是没有意义的程式化活动。在神赋予人们的快乐中性爱占有很大的一部分，处女座必须明白这一点。如果能纠正这些片面的想法和偏见，处女座就能拥有更幸福更有意义的生活。

为了处女座能生活得更丰富润泽，让我们来看看适合处女座的卧室风水装修吧。

首先必须要保证卧室的独立性。对于甚至有可能把性爱认为是一件羞耻事的处女座，只要一想到他们销魂的声音有可能会传出卧室，他们的心和身体就会瞬间冷却下来，所以隔音方面要特别地花心思去装修。

对于强调完整性，做事井井有条的处女座来说，任何时候都应避免选用复杂繁琐的设计，卧室的主氛围应该是平和的，宁静的。适当地运用青色和白色，能够让人感受到稳定感的装修比较适合处女座。

处女座在做事的时候精神不集中的情况时有发生。结束之后他们有可能会对行为的本身充满了罪恶感，为了能够缓解他们这种特殊的心理，最好的方法就是去郊外。

如果居住在市郊而不是市中心，那么室内的色彩就应该明亮一些。透过卧室的窗户可以看见庭院，是风水装修中卧室的理想位置。

床最好能选用那些古式风格的木质高级制品，朝东或者朝南都是不错的方位。床边摆放有幽静感觉的架子。此外，选用可调节式的寝室照明比较好。床套和窗帘选用橘黄色或者粉红色这类华美的颜色可以培养感情。整体照明方面的要点就是用间接照明来打造卧室里沉静平和的气氛。

在卧室中少量运用别致的装修是风水学中的智慧所在，这样可以实现身心一致阴阳调和的完美性生活。

Bedroom

处女座

Consulting

1. 用平和的颜色来制造卧室的氛围。
2. 适当地运用青色和白色的壁纸可以使卧室能够让人感受到稳定感。
3. 透过窗户可以看见庭院的卧室是最理想的。
4. 床最好能选用那些古式风格的木质高级制品。
5. 床头朝东或者朝南。
6. 床边摆放有幽静感觉的架子，选用可调节式的寝室照明。
7. 床套选用橘黄色或者粉红色这类比较华美的颜色可以培养感情。
8. 整体照明方面要使用间接照明来打造卧室里沉静平和的气氛。
9. 处女座性格小心谨慎，因此隔音方面要特别地花心思去装修。
10. 橘黄色或粉红色窗帘。

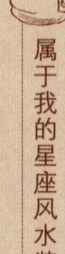

天秤座

libra:9/24~10/22 时而艺术，时而淫邪

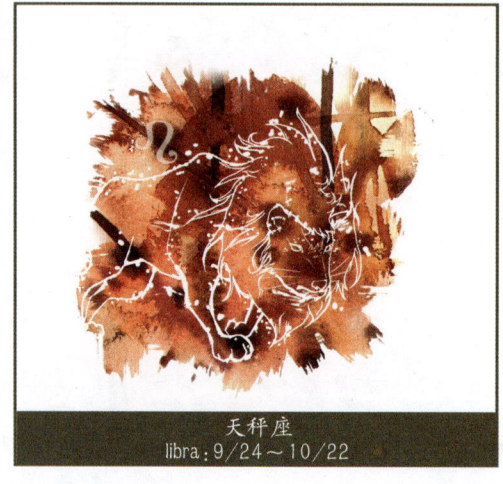

天秤座
libra:9/24~10/22

天秤座的感情很均衡，他们收获与所付出同等的感情。他们非常的物质化，但是也喜欢那些平凡的东西，不会沉浸在幻想中。天秤座做事很有原则性，纯净透明的远距离恋爱是他们的爱情方程式。他们时常会不小心伤害伴侣的心或者让伴侣看出他们的厌烦。

天秤座非常地有亲和力，因此人际关系很和谐。他们不会去计较对方身份的高低。虽然有时候会发无名火，但是一般不会将自己的不满与愤怒暴露于人前。他们十分地看重每一段缘分，因此一旦相恋就不会轻易变心。如果他们乐意，可以放弃自己的利益，在最小的损失下给予伴侣最大的帮助。

天秤座的性格比较优柔寡断，感情波动较大。只要气氛合适就不会去挑选对象，能和各式各样的人交往。总是想和自己心爱的人呆在一起，努力维持两人之间的亲密关系。

天秤座在爱情方面也有一颗平静的心。他们可以瞬间燃烧起自己火焰般的爱情，但一旦他们感到被伤害，就会冷静的转身离开。因此对天秤座忠心耿耿的爱情俘虏可能会把天秤座当成敌人，而且向周围埋怨他们，这样的话会给天秤座的形象带来巨大的瑕疵，这一点一定要铭记于心。

♥最来电的星座——绝配

双子座、射手座、水瓶座、双鱼座

■尚可配对的星座——普通

狮子座、处女座、天秤座、摩羯座

✗不协调的星座——厌恶

牧羊座、金牛座、巨蟹座、天蝎座

♥绝配

天秤座+双子座＞沙漠中的绿洲

幸福的遇见。虽然能够相互了解对方的要求，包容对方的缺点，但要懂得享受自己的个人世界才能更好的享受自己的人生。

*Advice：与其幽会，倒不如光明正大地见面

*该学习的：志向远大、社交能力、照顾对方

*缺点：依赖心、以自我为中心、逃避现实的生活态度

*尚待改进的：当问题出现时不要逃避，要勇于去面对

秤座+水瓶座＞爱情的春天

非常富有魅力和人情味的理想情侣档。两人都乐于接受对方的要求。认可并尊重对方的私生活，是一对美满的现代型情侣。

*Advice：性高潮是从缓慢温柔的爱抚开始的

*该学习的：诚实、适当的理解

*缺点：冲动、即兴的、缺乏耐性和恒心

*尚待改进的：不要轻易地随便下判断

天秤座+射手座＞全有或是全无

性情温和，独立心强的两人是非常完美的情侣组合。但两人的危机在于：期盼拥有完美结局的两人对彼此的关心也许会慢慢的变淡。

*Advice：在日历上标示出两人的性爱周期表

*该学习的：诚实、热情、春风般的关怀

*缺点：依赖心、变化无常、行动没有原则

*尚待改进的：爱情并不是无条件的退让

天秤座+双鱼座＞宽恕与包容

很相配的一对情侣。对对方百般关心，要求比较合理。因此最终能够通过互相信赖感到满足。当两人遇到困境时，能够相互激励，给予对方无限的勇气。

*Advice：爱情是灵魂的形而上学，性生活是爱情的形而下学

*该学习的：逻辑性、积极、不断地激励

*缺点：漠不关心、忧郁、性格多变

*尚待改进的：好东西不一定只有好的一面

♥  ♥ 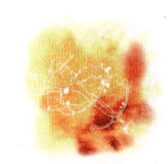 ♥ 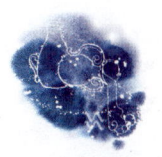 ♥

双子座 (Gemini：5/21～6/21)　　射手座 (sagittarius：11/23～12/24)　　水瓶座 (aquarius：1/20～2/18)　　双鱼座 (pisces：2/19～3/20)

■普通

天秤座+狮子座＞是梦幻般的，还是癫狂的关系

现实主义者与理想主义者的邂逅。彼此都刚好拥有自己所缺少的一面，所以如果能包容伴侣的缺点，两人就会拥有梦幻般的爱情。

*Advice：一次在上边，一次在下边
*该学习的：果断、实用、从容举动
*缺点：武断、顽固、自私的样子
*尚待改进的：不要让对方知道得太多

天秤座+天秤座＞草丛与树木

两人性格温暖，让人感觉如沐春风，能给人安全感。相互尊重对方的意见，是一对能够坦诚相对的情侣。通过良好的沟通能很好地协调双方的想法和爱情观。

*Advice：缓慢些，或者更缓慢进攻
*该学习的：家庭感、洞察力、诚恳的人际关系
*缺点：竞争心过强、过于独立、自以为是
*尚待改进的：肯定对方的私生活吧

天秤座+处女座＞摩擦或者斗争

有很强分辨力的两人都不能试着去理解对方的缺点，对于总是执著于自身思考方式的伴侣的要求，你无法从头到尾的容忍。

*Advice：忍耐是伟大爱情的开始
*该学习的：分辨力、坦率、令人佩服的勇气
*缺点：挑衅的、排他的、悲观的态度
*尚待改进的：不要将自己局限在过去的事情中

天秤座+摩羯座＞是金钱，还是名誉？

你肆无忌惮地批评为了追求世俗的成功而努力的伴侣，并表现出你的厌烦。如果能够理解金钱和名誉这种现实的要求，两人就能找到共同点。

*Advice：爱的行为就像一曲正在演奏的小夜曲
*该学习的：动感、诚实、进取心
*缺点：讥讽、压迫、对权力的欲望过强
*尚待改进的：放弃不必要的敌对情绪

狮子座
(leo：7/23～8/22)

处女座
(virgo：8/23～9/23)

天秤座
(libra：9/24～10/22)

摩羯座
(capriocom：12/25～1/19)

✗ 厌恶

天秤座+牧羊座＞水和油

需要十分努力才能在一起的情侣。如果想要维持两人之间的关系，就不要试着将对方的关心和热情分散到其他方面，而是去努力地理解对方。

＊Advice：水滴石穿

＊该学习的：坚决、世故、爱教育人

＊缺点：逃避现实、竞争心过强、高压姿态

＊尚待改进的：试着理解对方的感情

天秤座+巨蟹座＞对不起，因为……不能相爱

性格截然不同的两人并不是十分相配的情侣。对彼此的关心有时过了头，而有时候又略显不足，双方因为关心程度的问题而常常产生争执。

＊Advice：性爱是为了感受爱而进行的行为

＊该学习的：逻辑性、同情心、牺牲精神

＊缺点：多血质、没心眼、爱讽刺别人

＊尚待改进的：抛弃感情用事和懦弱的生活方式吧

天秤座+金牛座＞热烈燃烧着的火花

两人都不太能够接受对方文化方面的趣向。但是在性爱方面却有绝佳的契合度，因此可以建立一个幸福的家庭。

＊Advice：坦率的向对方表明自己的感情吧

＊该学习的：热情、强烈、社会交际的态度

＊缺点：强迫观念、不稳定、总有很多不满

＊尚待改进的：性生活并不是人生的全部

天秤座+天蝎座＞白炽灯与日光灯

为人可信，品行高尚的你并不像伴侣一样时时充满热情。如果能够对伴侣的欲望和充沛的精力给予充分的理解，并且努力去接受，两人就能拥有和谐良好的关系。

＊Advice：美食与性爱同时进行

＊该学习的：信赖、正直、诚实

＊缺点：好战、批判、以自我为中心的态度

＊尚待改进的：不要急于知道结果

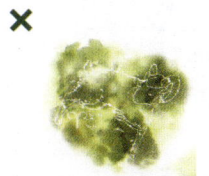

牧羊座
(aries：3/21～4/20)

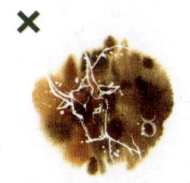

金牛座
(taurus：4/21～5/20)

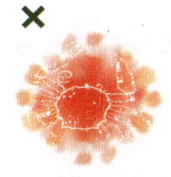

巨蟹座
(cancer：6/22～7/22)

天蝎座
(scorpio：10/23～11/22)

*天秤座男子的爱情

天秤座男子即使在爱情上也毫无偏倚，十分公平。他们既有父亲般的严厉，又有母亲般温柔体贴的一面，他们春雨般细腻温婉的爱情能时刻给人带来安全感。懂得制造气氛的他们总会不断地为伴侣制造惊喜和浪漫，实现她们梦幻般的浪漫幻想，天秤座的男子就是拥有这种让女人感到飘飘欲仙的魔力。

天秤座敏感且有尖锐的批判力。他们心思细腻，审美眼光独到，拥有一颗浪漫的心，在爱情中能妥善地协调理想和现实的关系。他们是现实派的生活者，当他们看见自己有可能会被伤害的时候就会慢慢地退出，不去行动。他们是目标指向型的性格，野心较大，所以进取心比较强。

即使他们已经深陷爱河，一旦觉得出现了问题，就会随时准备收回自己的感情。再怎么火热激情的爱，如果不努力去维持也会渐渐的降温，所以用不必要的方法来检验爱情是不明智的。与天秤座的男子相恋时，为使他能够用现实的态度面对各种事情，要多予他们帮助。

在他们心目中，女性的外貌十分重要，他们讨厌粗俗土气的女人。有情调的知性女性是他们心目中的女神。因为他们非常重视第一印象，所以他们一直在寻找那些与自己一见钟情的女性。重视美貌的他们对那些娇媚，小巧玲珑的年轻女性颇有好感。

*天秤座女子的爱情

天秤座女子拥有独一无二的高雅品味。举止优雅且独具女性魅力的她们总能吸引大多数男性的目光。一旦她们发现了让她们心仪的对象，就巧妙的运用目光告知对方自己的存在，她们不缓不急的态度会使对方陷入煎熬，她们拥有瞬间俘获男人心的超凡魅力。

总能对别人的苦难和疼痛感同身受的天秤座就像天秤一样，老成的表现好像她们已经体会过人世间所有的一切。她们处事圆滑，总能温婉平和地解决好每一件事。她们纯真浪漫的心有时会被别人加以利用而受到伤害。

天秤座女子充满罗曼蒂克气息和感伤的一面。但是想将自己的野心隐藏起来的性格会成为她们在爱情方面的障碍，

要好好地思考心中隐藏的欲望。

当她们遇到了适合的男子就会一头栽进爱的漩涡，但是她们欠佳的持久力成为她们爱情中的最大阻碍。

天秤座女子拥有平稳的情感和高贵的品味，同时拥有融洽丰盈的人生观，所以她们的伴侣一定要具备一定的经济实力。因为虚荣心和自尊心总在她们的内心深处盘旋，她们对那些每天给她们打电话、送花、对她们甜言蜜语的男人最没有抵抗力。

*天秤座的性爱风格与卧室风水咨询

天秤座天生融洽，这一点来至于他们柔弱无力的感情中，而他们的这种融洽性则差一点变成了踌躇不前的性格。他们独具的艺术气质和感伤情绪总会在某个重要的瞬间使他们变得优柔寡断。因此，当对方献上鲜灵娇艳花朵并附上爱的告白，等到花束都已经凋零，天秤座还迟迟不给答复。若是这种情况反复发生，那么天秤座俊俏利落的形象就会变得像枯萎的花朵。

卧室风水装修能给天秤座的爱情生活与性生活带来不小的帮助。让我们开始整理比人生最伟大的艺术床第之爱更幸福的生活吧。

雅静的卧室气氛。比任何人重视俊俏端庄的天秤座，即使在做爱的时候也会有意识地去注意自己的形象。因为他们将爱情的最高境界——性爱作为一种艺术价值来追求。特别是照明方面要格外注意，设计华丽的照明器材比较好，一方面适当地使活用部分照明，另一方面利用架子上的灯光来营造卧室的氛围。

音乐和艺术作品是最适合天秤座的风水道具。为了满足他们感官上的需求可以在房内摆放感觉舒畅清亮的画幅或者雕刻作品，让房间时常萦绕着悦耳动听的音乐或者与音乐有关的物品，能适当地刺激他们的性冲动。

那些没有太大用途，但是又弃之可惜的零碎物品会减少天秤座性方面的能量，因此是对他们不利的物品。不舍得抛弃而挂在墙上的画框等也是要从卧室中清理出去的多余物。

床最好使用原木制成的，床头设计应避免过于繁复，要尽可能地简洁明了。青色或绿色系的花纹床套都是不错的选择。设计简单，与其颜色相协调的双层窗帘能与床套交相呼应。在具有城市风的化妆台上摆放有花纹的小物品以及香水的话，房间的氛围就会变得更好，可

以克服单调的感觉。

　　天秤座的人容易因为外界的影响而产生动摇。善变的他们一会儿这样一会儿那样。在心情郁闷或者季节转换的时候喜欢改变家具位置，以此来舒缓压力，转换心情的天秤座而言，设计轻便，任何时候都可以移动的家俱远比那些价格昂贵的欧洲风格家具好得多。

　　因为考虑到天秤座喜欢在激情结束之后与伴侣分享情话，享受爱情的余韵，可以在床边摆放椅子和小桌子，这也是不错的风水阵法。

对于天秤座而言，具有艺术气息的装饰物可以刺激他们的性冲动。

天秤座

Consulting

1. 设计华丽的照明器材比较好，使用部分照明营造卧室的氛围。
2. 利用架子上的灯光来营造满溢情调的卧室。
3. 摆放能给感官带来舒畅清亮感的画幅或者雕刻作品。
4. 让房间时常萦绕着悦耳动听的音乐或者与音乐有关的物品，能适当刺激天秤座的性冲动。
5. 选用原木制成的床，床头设计尽可能地简洁明了。
6. 青色或绿色系的花纹床套都是不错的选择。
7. 设计简单，与床套颜色相协调的双层窗帘。
8. 在具有城市风的化妆台上摆放有花纹的小物品以及香水，就能避免单调的感觉。
9. 任何时候都可以移动的家具远比那些固定式的家具好得多。
10. 为了在激情结束之后能与伴侣享受爱情的余韵，可以在床边或窗边摆放椅子和小桌子

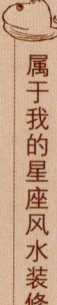

天蝎座

scorpio:10/23—11/22　时而像玫瑰，时而像百合

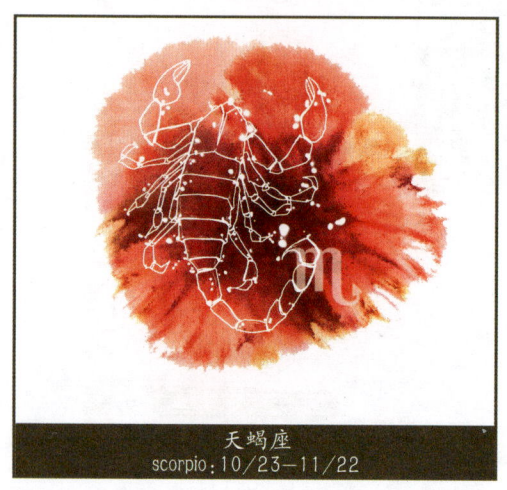

天蝎座
scorpio:10/23—11/22

天蝎座的人充满了神秘感，有激发他人好奇心的独特魅力。热情四射的活力下所散发出来的奇妙神韵，在黄道星座中最具神秘色彩。但是这些都不是为了引人注目。不过不管怎么说，天蝎座是最具隐秘性的典型代表了。

天蝎座从出生起就赋予身体活力和精力，充满了激情与热情。不管做什么事情都会全力以赴。即使再困难、辛苦的事也会坚持不懈，努力争取成功。在爱情上也是如此，只要碰到合心意的对象就会不惜一切，要将对方据为己有。

他们对待感情的态度很慎重。不仅具有吸引他人的魅力，也具有非凡的管理才能。虽然很善于结交新朋友，但更喜欢成为朋友后继续保持交往。

即使不是异性，你浑身上下所散发出来的魅力也能激发他们的好奇心。是自信心充足，还是无所畏惧？不过由于嫉妒心太重，生活也可能会变得一团糟。而且占有欲太强，在这一点上，对待异性时会出现过于偏执的表现。

♥ 最来电的星座——绝配

　　巨蟹座、处女座、水瓶座、双鱼座

■ 尚可配对的星座——普通

　　牧羊座、双子座、天蝎座、摩羯座

✖ 不协调的星座——厌恶

　　金牛座、狮子座、天秤座、射手座

♥ 绝配

天蝎座+巨蟹座＞绝对的浪漫

能让对方感到温暖的亲密伴侣。两人间的关系舒适而稳定,真正的关心彼此。对方恭谨端正的言行能带给你愉悦感。

*Advice：控制自己的好奇心

*该学习的：性感、献身精神、保护能力

*缺点：不现实、占有欲、无穷尽的欲望

*尚待改进的：让对方看到自己真实的模样

天蝎座+水瓶座＞手牵手

能够成为幸福的一对。有强烈的服务与牺牲精神。虽然很重视自己的个人目标,但是为了对方能实现自己的理想,会全力以赴,舍弃自己也在所不惜。

*Advice：真正的爱情也需要适当的节制

*该学习的：激情、信赖、献身精神

*缺点：过分追求物质享受、性格变化无常、奢侈

*尚待改进的：应该确立目标,并坚持不懈地为之奋斗

天蝎座+处女座＞光与影子

虽然对方不喜欢你的分析精神和喜欢交流感情这一点,但是性格温和的对方会包容你的一切,给予理解。

*Advice：完美的性爱是爱情的一部分

*该学习的：热情、信任、自由

*缺点：争辩、理智、爱批判的性格

*尚待改进的：先思考,后决定

天蝎座+双鱼座＞野心或安居

会相互照顾对方。才华横溢、心灵手巧的对方能够掌握你的言行。你们之间不会有什么大的波折,生活能按所希望的进行。

*Advice：不要假装达到性高潮

*该学习的：肯定性、挑战性、自信心

*缺点：有逃避倾向、依赖、无中生有

*尚待改进的：不要把愤慨、不满堆积在心里

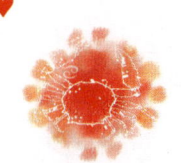

巨蟹座
(cancer：6/22～7/22)

处女座
(virgo：8/23～9/23)

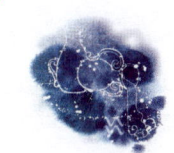

水瓶座
(aquarius：1/20～2/18)

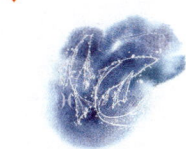

双鱼座
(pisces：2/19～3/20)

■普通

天蝎座+牧羊座＞是艺术，还是淫邪？

与失去的相比得到的更多。虽然性格相反，但都认同对方，相互协作。虽然只是形式，但是在做爱时会学习黄片里的镜头。

*Advice：有时也应该适当的发火，来保持个人品味

*该学习的：快乐、挑战性、热情的姿势

*缺点：分裂、过激、占有欲过强

*尚待改进的：相互节制一下你们过分的激情

天蝎座+天蝎座＞像白天的太阳，像晚上的星星

双方都具有坚强和谦虚的精神，但是缺少韧劲。因为与生俱来的气质相同，所以如果能鄙弃缺点，找到优点，就能成为美满的一对。

*Advice：卧室的和声要和天音相配

*该学习的：系统性、真诚、性魅力

*缺点：过于隐秘、诱惑、好奇

*尚待改进的：真正的爱就该闭上眼睛，堵住耳朵

天蝎座+双子座＞时而像风，时而像云

在一定范围内，两人是很完美的情侣档。拥有人生最大的快乐并知道相互妥协。如果结婚，不会触动对方的感情，生活充满生机与活力。

*Advice：谁都应该偶尔做一回色情电影的主人公

*该学习的：献身精神、社交、妥协

*缺点：享受、破坏性、神经质

*尚待改进的：应该时不时地审视自己走过的路

天蝎座+摩羯座＞潜在的危险

你的爱好多种多样，如果能善于用性感和积极的性格理解对方，克制对方固执的性格，就能成为幸福的一对。

*Advice：过犹不及

*该学习的：牺牲精神、魅力、要有成功的志向

*缺点：忧郁、攻击性太强、神经质

*尚待改进的：不要过分地幻想

牧羊座
(aries:3/21～4/20)

双子座
(Gemini:5/21～6/21)

天蝎座
(Scorpio:10/23～11/22)

摩羯座
(Capricorn:12/25～1/19)

✖ 厌恶

天蝎座+金牛座＞麻烦的制造者

能够凭借自己冷静锐利的判断力提出忠告。可是在爱情方面就像干柴烈火一样燃烧得快，熄灭得也快，而且还反复无常，顺之两人的心也燃烧而尽。

*Advice：人不能机械地活着

*该学习的：挑战、锐利、适当的判断力

*缺点：破坏性、过于率直、淡薄的感情

*尚待改进的：吵架时尽量短而激烈

天蝎座+天秤座＞白炽灯与日光灯

对方热情的行为让清高的你难以理解。不过如果能努力地理解对方，接受对方，也能维持良好的关系。

*Advice：美食与性爱同时进行

*该学习的：信赖、正直、诚实

*缺点：好战、批判、自我为中心

*尚待改进的：不要急于知道结果

天蝎座+狮子座＞悲伤恋歌

感受不到对方真切实在的魅力。性格复杂的你很难理解对方。彼此都认为对方无能，并给对方造成伤害。

*Advice：要认清对方的真面目

*该学习的：集中、主动、确定明确的目标

*缺点：变化无常、冷淡、强调个人主张

*尚待改进的：应该及时地消除怨恨

天蝎座+射手座＞用沙建的防洪堤

对生活充满热情的一对。不管是精神还是肉体上都让对方感到很有魅力。但稍微不注意就有可能对突如其来的结果判断错误。

*Advice：过度的自由等于放纵，结果变成堕落

*该学习的：协商能力、自立能力、预测浪费

*缺点：利己心过重、自暴自弃、自制力不够

*尚待改进的：应该及时地消除怨恨

✖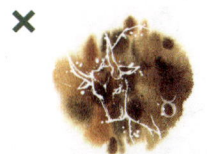
金牛座
(taurus:4/21～5/20)

✖
狮子座
(leo:7/23～8/22)

✖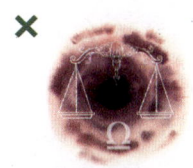
天秤座
(libra:9/24～10/22)

✖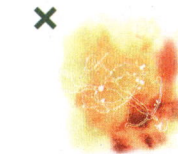
射手座
(Sagittarius:11/23～12/24)

*天蝎座男子的爱情

天蝎座男子看起来很冷酷。并在冷静理智的气氛里带有魔鬼般的魅力，让你有如被催眠一样地被他吸引，而且是一个具有吸引力的魅力男人。具有透过人或事物的表象发现本质的本领。一旦遇见心仪的对象，便马不停蹄地进行爱情攻击，要将对方据为己有。

他们很相信命运，会通过干净利索的方式和直觉阅读女人的心并接近她。对性敏感而且开放。

喜欢热衷做自己事情并为之努力的女人，会不知道什么时候就和反抗自己的女人说再见，因此对能按自己意愿做事的女子情有独钟。

像喜欢正义的事、命中注定之事、有意义的事一样，爱的时候也会有像火一般的热情向对方进攻。虽然生活方式有些难以让人理解，但是能抵住天蝎座男子魅力的女人并不多。如果想和天蝎座男人交往就要用真实的面貌接近，率直和毫无修饰的本色会让爱情开始进行。

结婚后也还希望坚守单身时代的生活。除了老婆以外，还喜欢对别的女人表现出男人的魅力。不过因为有自我控制力和节制能力，并不会胡乱搞外遇。如果真的爱他的话就必须接受现实。如果不能原谅他的错误，那么你们的爱情也会在那一瞬间消失。

*天蝎座女子的爱情

天蝎座的女子向往完美的爱情，经常喜欢保持热情和神秘感。即使用一般的标准来评价她们也称不上美人，但是哪怕只是擦身而过也能有让你忍不住回头望几眼的魅力。称不上漂亮但也算秀气的女子，这就是天蝎座女子。

她们有强烈的嫉妒心和占有欲。对爱情表现得非常执著。对情调和感情都很冷淡，但做事绝对不会马马虎虎。

要是遇到心仪的男子就会付出所有努力争取拥有他。这一方面不管是身体还是精神上都有着一股玄妙的能力，并且有卓越的吸引他人的魅力。

她们不会摆场，也不会假装满意而给予笑容。但是即使是对自己小小的批评也会非常敏感，而且即使是虚伪的称赞也非常高兴。由于嫉妒心太强，因此

一刻也不会放松对男人的看管，是磨人的典型代表，因此也有可能引起对方的暴力行为。

天蝎座女子适合沉默的男人。因为对方能够压制她们强烈的嫉妒心和占有欲，而且对她们反复确认爱情的模样觉得可爱，并不计较。只要有时间就想耍赖，但对方都只是笑着而且还静静地抱着自己。做爱方式还非常帅气，这样的男人就是天蝎座女子理想中的白马王子。

*天蝎座性爱特点和室内风水咨询

你拥有热情洋溢的性格，从出身那时开始就赋予了身体足够的活力和精力。全身心都投入的你连汗珠看起来都很性感。即使是在很困难条件下也能获得令人羡慕的成功。听到赞词的你性欲也非常的强烈和热情。率直而又开放，但是却又隐藏重要的部分，这就是你独特的爱好。因此你卧室的设计应该着重在保护隐私这一点上。

对于性欲旺盛的你来说，卧室装修格外重要。卧室的总体格调应该以大气的白色为主。因为比起他人来说热情四射的你疲劳也会相应地略有增加，因此为了制造能安静休息的空间就要营造光亮柔和而且大气的气氛。

你是通过温柔的皮肤接触来获得刺激的典型代表。因此床上的被套、床垫、枕头等直接接触皮肤的东西都要选择贴身并且触感柔和的产品。而且为了满足旺盛的性欲要买性能好的床。

窗帘最好选米黄色和绿色等柔和的颜色，要避免绚丽多彩的设计。未婚者的床具最好摆放在房间中间的东边、东南边或南边，而且头朝东睡。这时如果床和被褥选择花纹样式，过不了多久就能碰到美好的姻缘。

摆放鱼缸和花瓶是能够获得爱神青睐的风水设计。如果和对方相处太久感觉到乏味，那么放置能散发水气的鱼缸会得到明显的改善，不知不觉中便能层出不穷的迸发出爱的火花，和对方的性生活也会出现新的激情。并且在床边的桌上摆放酒和酒杯，会重获新鲜感和刺激。

你有强烈的占有欲。由于嫉妒心过重，会朝对方发火，爱的表现激烈，也许可以说有些偏激。而且有强迫症和严重的猜疑心，因此让自己的感情平静下来是比较好的处理方法。爱情不是掠夺，而是拥抱对方时发现更想念对方。

对于你来说，卧室装修的另一个要点是最好能准备两张床。有句话是这样的：即使是暂时的分别，也能发现自己思念对方，从而明白对方的珍贵。

Part 4 设计人生的空间——卧室

125

天蝎座

Consulting

1. 为了制造能安静休息的空间，卧室的总体格调应该以大气的白色为主。
2. 床上的被套、床垫、枕头等直接接触皮肤的东西都要选择贴身并且触感柔和的产品。
3. 为了满足旺盛的性欲要买性能好的床。
4. 窗帘最好选米黄色和绿色等。
5. 要避免装饰特别绚丽多彩的设计。
6. 如果和对方相处太久感觉到乏味，那么放置能散发水气的鱼缸会得到明显的改善。
7. 未婚者的床最好摆放在房间中间的东边、东南边或南边。
8. 即使是暂时的分别，也能发现自己思念对方从而明白对方的珍贵。因此即使用两张床也无妨。
9. 摆放酒和酒杯能获得刺激的爱情。
10. 为了爱情和性生活，卧室的设计应该着重在保护隐私这一点上。

射手座

sagittarius：11/23～12/24 时而像大海，时而像小溪

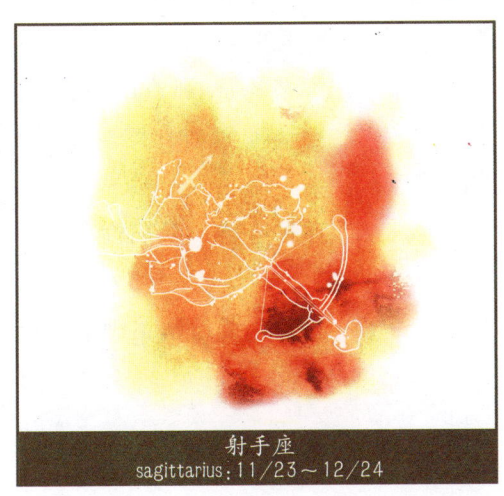

射手座
sagittarius：11/23～12/24

射手座生性乐观开朗、性格温和且不拘小节，根本不会关心细小的事情，有时可以用粗线条来形容。其实，对眼前所见之事，也会不加思索地去接受。是首先给予对方信任，并倾注感情从而获得他人信赖的典型代表。

他们讨厌虚假，是崇尚原汁原味的自然主义者。但是由于心理有点浮躁，因此只要碰到不满意或心情不好的事时很容易激动甚至发火。

对爱情责任感不强。如果出现和自己的意愿不符时会有些茫然，甚至会毫不留恋的从对方身边离开，寻求自己的梦想，有时思想还会近乎荒唐地朝别的方向迅速转换。而且由于他们说话的速度总是比想的快，所以会和对方产生很深的矛盾，虽然不是侮辱，但是也已经给对方造成伤害。

射手座的人不喜欢受拘束，热爱自由，不会被束缚，天性喜欢自由自在逍遥的生活。讨厌所属于某个人，追求无拘无束的爱情。从外表看起来有强烈的责任感和合作精神，会很好地遵守规律法则，因此交往有可能会激发对方的占有欲。

♥ 最来电的星座——绝配

牧羊座、狮子座、天秤座、摩羯座

■ 尚可配对的星座——普通

金牛座、巨蟹座、处女座、水瓶座

✕ 不协调的星座——厌恶

双子座、天蝎座、射手座、双鱼座

♥绝配

射手座+牧羊座＞干柴烈火

有未来而且会成功的一对,如果能理解对方很有档次的行为的话,会成为很美满的一对。同时要看到生活美好的一面,而且双方都要学会满足自己所选择的另一半。

*Advice：必要时要学会妥协

*该学习的：均衡的感觉、乐观、言语沉着冷静

*缺点：浪费、不现实、按主观意识行动

*尚待改进的：培养负责任的意识

射手座+天秤座＞全有或是全无

性情温和,独立心强的两人是非常完美的情侣组合。但危险的是两人都希望有个美好的结局,反而会出现对对方的关心逐渐冷淡的可能。

*Advice：最好在日历上标明性生活周期表

*该学习的：诚实、热情、温暖的关怀

*缺点：依赖心强、变化无常、行动没有原则

*尚待改进的：无条件的让步并不是爱

射手座+狮子座＞一个屋檐下生活的一家人

如果能将对方独有的魅力、伶俐和你积极的态度融为一体的话,你们会成为非常帅气的一对。但是你们偶尔又有吃着碗里瞧着锅里的爱好。

*Advice：爱情是排解孤独的一种方式

*该学习的：革新精神、感性、正确的爱情观

*缺点：有强迫感、激战性、容易受挫

*尚待改进的：要通情达理的看待对方

射手座+摩羯座＞咖啡与奶油

很合适的一对,平易近人的你会用适当的方式调节对方的心情。而生活能力强的他(她)又能为你提供安逸的生活。

*Advice：床上的对话尽量简短?

*该学习的：信任感、家庭感、控制能力

*缺点：高压症、攻击性、寒酸的生活

*尚待改进的：偶尔也应该合上记账簿,出去旅行一下

♥  ♥  ♥ 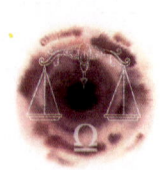 ♥

牧羊座 (aries:3/21~4/20)　　狮子座 (leo:7/23~8/22)　　天秤座 (libra:9/24~10/22)　　摩羯座 (capricom:12/25~1/19)

■ 普通

射手座+金牛座＞计算器和算盘

两个人都有非常强的占有欲。要努力在现实中发现对方的长处，而且碰到障碍能够相互配合，以维持良好的关系。

*Advice：适当的保留秘密能增加生活的活力

*该学习的：节制力、坚强、有效地金钱管理

*缺点：唯利是图、疑心、公然地挑起战斗

*尚待改进的：不要做金钱的奴隶

射手座+处女座＞头与尾巴

不是适合的一对，总觉得对方有什么地方不足。你不能给予对方很多，而且不满对方斤斤计较的一面。

*Advice：性爱可以更加直率

*该学习的：多样性、实用性、强硬的说服力

*缺点：批判性、合作意识差、消极的态度

*尚待改进的：应该明白生活是多姿多彩的

射手座+巨蟹座＞分享与实践

斤斤计较、贪欲心重的你和极其敏感而且向往非现实理想世界的对方有着明显的差异，而且对方的高消费会让你感到负担。

*Advice：即使是微不足道的关心也应该表示感谢

*该学习的：亲切感、宽宏大量、沉着的分析能力

*缺点：贪欲心重、容易受挫、斤斤计较

*尚待改进的：爱情不是电影

射手座+水瓶座＞夏天的冰

你们不是一对合适的伴侣，多血质而且还以自我为中心的对方对你的自尊心造成严重的伤害，而且对方还会觉得你的要求过多。

*Advice：规律的性生活，感情荒芜

*该学习的：现实、感性、领导能力

*缺点：破坏性、多血质、自我为中心

*尚待改进的：不要想着改变对方

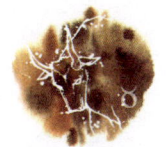
金牛座
(Taurus：4/21～5/20)

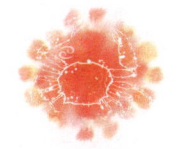
巨蟹座
(cancer：6/22～7/22)

处女座
(virgo：8/23～9/23)

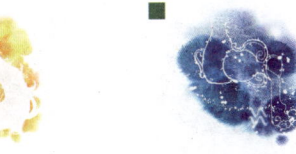
水瓶座
(aquarius：1/20～2/18)

✕ 厌恶

射手座+双子座＞出故障的水龙头

即使是微不足道的事情也会争吵的夫妇。自立心强而且活力四射的两个人会因为无休止的活动和不能持久的态度伤脑筋。

*Advice：如果出现矛盾就在床上解决

*该学习的：感性、生活能力、勤勉的生活态度

*缺点：独裁、鲁莽、老是怪别人

*尚待改进的：双方努力促进和谐的关系

射手座+射手座＞实验精神

诚实而且以家庭为重。但是由于性格相似，对对方的关心容易冷淡。虽然尽力理解对方，但是会表现出世俗和斤斤计较的一面。

*Advice：一次按照我的意愿行事，一次按照对方的意愿行事

*该学习的：开发、预测能力、勤勉诚实的生活

*缺点：嫉妒心重、过分干预

*尚待改进的：受到一点损害时就当作是施舍

射手座+天蝎座＞用沙建的防洪堤

对生活充满热情的一对夫妻。不管是精神还是肉体上都让对方感到很有魅力。但稍微不注意就有可能对突如其来的结果判断错误。

*Advice：过度的自由等于放纵，结果变成堕落

*该学习的：协商能力、自立能力、奢侈

*缺点：利己心过重、自暴自弃、自制力不够

*尚待改进的：应该不时地回头审视自己走过的路

射手座+双鱼座＞奇特的邂逅

关系不平凡的一对。两人都喜欢家庭生活，并制定现实的目标。但是偶尔有可能因为性问题做出变态行为。

*Advice：禁止让人起鸡皮疙瘩的行为

*该学习的：活动力、社交能力、以家为重的行为

*缺点：自卑、狡猾、敏感

*尚待改进的：不要急躁，慢慢来

双子座
(gamin：5/21～6/21)

天蝎座
(Scorpio：10/23～11/23)

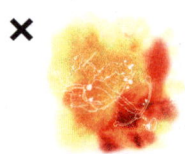

射手座
(Sagittarius：11/23～12/24)

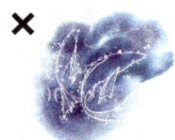

双鱼座
(vpisces：2/19～3/20)

*射手座男子的爱情

射手座男子非常直率、幽默，而且有说不尽的话题。喜欢在他人面前展示才能，乐于成为焦点。即使是面对初见的人也能找到非常多的话题。因此容易博得初次见面女子的好感，打动她们的心。

他们是懂得察言观色，并随之散发全身性感魅力的典型代表。哪怕是初次见面的人，也很容易被射手座男子乐观、能说会道的天性虏获。善于制造艳遇，有着让女子觉得只要是在一起就人生很快乐的独特魅力。不过由于不注重细节，会犯很多致命性的错误。

热爱自由、乐观的射手座男子在性生活中也是放荡不羁。不拘于一般的规则，只要自己喜欢就行，加之喜欢野外的生活、冒险的游戏，因此在特别、危险的地方做爱会感到无尽的快感。

有着"来者不拒，去者不留"的信念，因此会觉得和一个人交往太久是一种负担。所以如果爱他就要接受他热爱自由的生活态度，即使精神处于彷徨中也不要对他进行约束。他们喜欢能用温暖拥抱他们的乐观女子。

*射手座女子的爱情

射手座女子独立心很强，是理性与感性相结合的魅力女人。乐天和积极的性格使她们能够快乐地生活。喜欢理性的同时也很乐于享受轻松的气氛，对玩有极大的热情，具有双重性格的特征，而且结婚了也不会逼着丈夫索要肤浅的爱情。

因为热爱自由，所以不喜欢和同一个人相处很久。虽然人情味重，但是并不想用爱去占有对方，也不会束缚对方，反之也不希望别人对自己这样。因此想抓住她们的心就不能有一丝的倦怠，要有足够的幽默感，而且要不停地准备节目。

她们批评对方时也毫不留情，有着哪怕是对微小的事情也很敏感的细腻心思。直觉很强，对危险的事情有预感。天真浪漫率直的性格有时也会引起误会。如果确定了对象就会为了快乐、真理而鲁莽地向前冲。

如果你的占有欲很强，那么就要好好地考虑你和射手座女子间的爱情。因为要得到她的心必须付出很多努力、真诚、时间，而且要能持之以恒。但是射

手座女子有个特点，就是一旦陷入了爱河就不会计较对方的条件，是个热情四射、火辣辣的女子。

*射手座性爱特点和室内风水咨询

不管是喜欢还是讨厌都不会有改变现状的想法。讨厌虚假，是典型的自然主义者。有着像竹片笔直线条的思考方式，所以去到哪都不愿被束缚，喜欢自由，因此恋爱后会出现非常复杂的问题。这是因为他们具有追求真理、讲究原则但又不受约束，喜欢自由的爱情双重性格。

射手座的人会在精神恋爱和性爱中徘徊，这种矛盾在做爱时有可能会出现不正常的行为。而且有可能沉溺于无分别、无差别的爱情里，虚度光阴。为了防止这种可能性的发生，最好是用一些与宗教有关的物品。因此为了使你们在精神上能有安全感，卧室设计就应该强调视野明亮广阔。

对于射手座的人干花之类的东西不吉利。虽然干花是室内装修的宠儿，但是按风水原理来说干花绝对不是适合的装修材料。因为死了的植物会散发出凶兆，特别是对喜欢在做爱时寻找新的乐趣的你来说是没有任何帮助的。

对于讨厌平凡、不愿被束缚而且喜欢高档、文化气息浓的你而言，卧室最好采用简练典雅的装修。而且窗户越大越好，为了通风，卧室的阳台也不要摆放任何东西。

为了营造幽雅柔和的气氛，床具最好选用高级的木制品。将床头朝东边或南边会带来新的运势。务必记得床头边要摆放暖色调的灯座。

如果想头朝北睡，卧室里的黏合织物要选用黄色、粉红色、红色、绿色等暖色调。床套和窗帘如果选用桔色、粉红色等华丽的颜色能培养出美好的爱情。而照明则应该注意要选择让人有明亮感觉的直接照明为好。如果想在卧室挂置画框，那么选择富庶和平的田园风光景色能带来好运。

由于你有难以控制的好奇心，因此很享受由此带来刺激的过程，能激起对方的占有欲和嫉妒心。心情好的时候，对爱情的表达方式充满朝气、热情。但是如果心情不好，消极情绪会很重，还会引起自信心的丧失，这一点要格外注意。

简洁优雅的卧室设计是给射手座带来好运的关键。

射手座

Consulting

1. 为了有正确的性生活，最好是用一些与宗教有关的物品。
2. 为了在精神上能有安全感，卧室应首选视野明亮广阔的设计。
3. 由于干花散发出凶气，不应该在卧室里摆放，而最好在床的周围摆放散发清香的绿色植物。
4. 喜欢高档、文化气息浓的你，卧室最好采用简练典雅的装修。
5. 床具最好选用高级的木制品。而且最好朝东边或南边睡。
6. 床头边务必要摆放暖色调的床头柜。
7. 如果想头朝北睡，卧室里的黏合织物要选用黄色、粉红色、大红色、绿色等暖色调。
8. 床套和窗帘最好选用桔色，粉红色等华丽颜色。
9. 照明则不要选择复式照明，而应该选择让人有明亮感觉的直接照明为好。
10. 如果想在卧室挂置画框，那么选择富庶和平的田园风光景色能带来好运。

摩羯座

capricorn:12/25~1/19　时而像岩石，时而像泰山

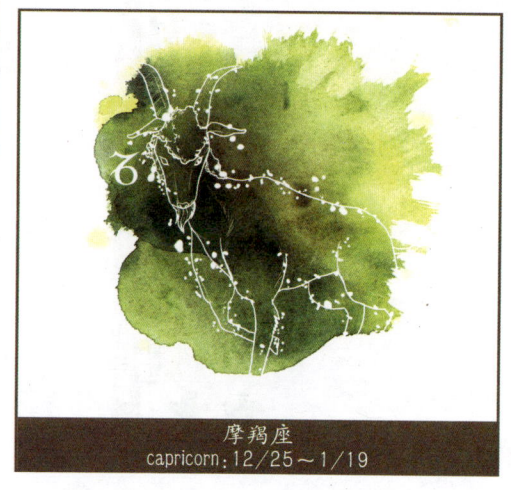

摩羯座
capricorn:12/25~1/19

摩羯座的人最基本的特点就是有信念，对于他们来说很难有速食爱情，而且主观和随意。

对每件事都特别较真是他们的一大特点，而且谈恋爱的时候即使是细小的事也会引起他们的一喜一悲。虽然看起来对每件事都很忠于原则，但深入他们的内心后会有可能让你觉得意外。这是因为他们喜欢寻找刺激和无妨的冒险，不过他们最终都不会付诸实践。

他们对什么事情都过于深思熟虑。近乎于顽固和愚昧的忠诚能让他们得到对方的全部信赖。对待性的态度也是如此，会思考通过性能得到什么。而且由于讨厌急剧的变化，对无法预料的未来总是忧心忡忡，因此会抑制自己的本能和表现出禁欲的态度。

如果不合心意，会很烦躁，而感情如果出现误会或问题，则很容易分手。对拒绝自己的人不会留念太久，因为对于被抛弃的你来说爱情只不过是伪善和虚假的履行程序而已。流露出你内心深处隐秘的真实想法才是真正的爱情。

♥ **最来电的星座——绝配**
金牛座、处女座、射手座、双鱼座

■ **尚可配对的星座——普通**
狮子座、天秤座、天蝎座、水瓶座

✘ **不协调的星座——厌恶**
牧羊座、双子座、巨蟹座、摩羯座

♥ 绝配

摩羯座+金牛座＞墨与砚

是一对有品位，关系良好的情侣。两人都喜欢理性氛围，所以在安静整洁的环境中，在谈天说地间一起细细地去品味茶茗的清香，两人的爱情就会顺畅无阻。

*Advice：做爱时应该身心投入

*该学习的：正直、诚实、责任心

*缺点：顽固、非现实、有攻击性倾向

*尚待改进的：过分的竞争是自灭的捷径

摩羯座+射手座＞咖啡和奶油

很合适的一对，对方平易近人的态度使你的心情雀跃。而生活能力强的你又能为整个家庭提供安逸的生活。

*Advice：床上的对话尽量简短？

*该学习的：信任感、家庭感、控制能力

*缺点：高压症、攻击性、寒酸的生活

*尚待改进的：偶尔也应该合上记账簿，出去旅行一下

摩羯座+处女座＞你是我的幸福

幸福美满的一对。强调自尊心和责任感的你遇到了诚实、有能力的另一半，双方以信赖为基础，不管做什么事都能成功。

*Advice：做爱时不必拘束于特定的形式

*该学习的：建设性、责任感、客观性

*缺点：过分细心、分析性太强、自尊心过强

*尚待改进的：不用为细小的事情卖命

摩羯座+双鱼座＞沙漠里的绿洲

缺少真诚和悟性的你，有着心思细腻的另一半来读懂你的心。他（她）是一个能包容你的缺点，会为你服务和牺牲的好伴侣。

*Advice：如果爱他（她），就不要犹豫

*该学习的：浪漫、自制力、服务于牺牲精神

*缺点：过于随意、利己心重、不懂让步

*尚待改进的：勿把温柔认为是柔弱

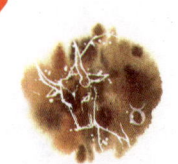
金牛座
(taurus:4/21～5/20)

处女座
(virgc:8/23～9/23)

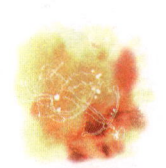
射手座
(Sagittarius:11/23～12/24)

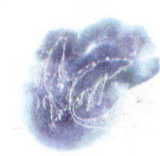
双鱼座
(Pisces:2/19～3/20)

■普通

摩羯座＋狮子座＞做同事和Best，那做恋人呢？

自信心强，非常了解对方想要什么。双方都喜欢成功和金钱，但是都认为应该主要是通过自己的努力获得。

＊Advice：出现裂缝时用身体交流比说话好

＊该学习的：大方、非凡的洞察力

＊缺点：不懂让步、忧郁、敏感

＊尚待改进的：应该想得简单点

摩羯座＋天蝎座＞潜在的危险

如果想理解性感、积极，而且兴趣多样的对方，首先要克制自己不懂妥协、顽固的性格。只有这样，才能成为一对幸福的夫妻。

＊Advice：过犹不及

＊该学习的：牺牲精神、魅力、要有成功的志向

＊缺点：忧郁、攻击性太强、神经质

＊尚待改进的：不要过分地幻想

摩羯座＋天秤座＞为钱，还是名誉？

对方会批评为了追求世俗而努力的你过于庸俗，而且还会发火。如果能够理解对钱和名誉追求，也还是能够找到共同点的。

＊Advice：爱的行为就象演奏小夜曲一样浪漫

＊该学习的：动感、诚实、进取心

＊缺点：讥讽、对权力的欲望过强

＊尚待改进的：应该除去不必要的敌对情绪

摩羯座＋水瓶座＞相互包容

你们气质完全不同，对方是不拘于制度和权力的行动主义者，而你是重视传统和权力的人。如果希望达成人生观的一致，你们还需要付出很多的努力。

＊Advice：冒险精神有时有可能会导致乱伦

＊该学习的：好奇心、创造力、挑战精神

＊缺点：强迫性、反抗性、情绪不稳定

＊尚待改进的：应该尽自己的责任和义务，而且重视自己的权利

狮子座
(leo：7/23～8/22)

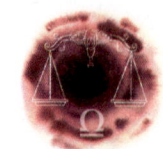
天秤座
(libra：9/24～10/22)

天蝎座
(scorpio：10/23～11/22)

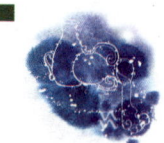
水瓶座
(aquarius：1/20～2/18)

✖ 厌恶

摩羯座+牧羊座＞你往大海，我向山

对于对很多事都很有激情的他(她)来说，非常难理解强调原则的你。与其想要改变对方，不如尊重和珍惜对方的个性，这样才能好好相处。

＊Advice：case by case

＊该学习的：细心、成功、尽力

＊缺点：容易紧张、破坏性强、好战

＊尚待改进的：接受对方原有的世界

摩羯座+巨蟹座＞开始就等于结束

慎重而且有忍耐力的你和有些感伤、变化多端的对方的组合并不是很愉快。而且属于储蓄型的你会对消费型的他(她)的言行感到厌烦。

＊Advice：对于一般人，不必要禁欲

＊该学习的：现实、规律、强有力的决断力

＊缺点：不安定、依赖心强、过于强调道德

＊尚待改进的：不是所有的事情都可以接受

摩羯座+双子座＞折磨、伤心

非常难完全协调的一对。喜欢自由表现自己欲望的对方和勤劳、现实的你，对生活基本的追求和目标不同。

＊Advice：一年里应该给对方一两次自由时间

＊该学习的：正直感、独创力、真实地生活习惯

＊缺点：隐避、自暴自弃、对事情的判断操之过急

＊尚待改进的：追求完美，结果什么事都没有做

摩羯座+摩羯座＞像迎接银婚仪式的夫妇

由于双方都过于较真，而且对一点小事都一喜一悲的缘故，争吵会非常多。虽然关系并不有趣，也不刺激，但要用一颗平和的心感受平和，要懂得满足。

＊Advice：一年里至少有一次在床以外的地方做爱

＊该学习的：平和的心态、勤劳、节制的生活

＊缺点：过于机械、冷漠、绝对的统治

＊尚待改进的：不按规则办事未必是坏事

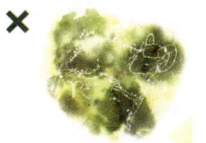
✖ 牧羊座
(aries：3/21～4/20)

✖ 双子座
(gemin：5/21～6/21)

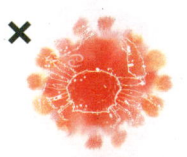
✖ 巨蟹座
(cancer：6/22～7/22)

✖ 摩羯座
(capricorn：12/25～1/19)

*摩羯座男子的爱情

摩羯座男子的爱情是从守礼节开始的，幽默里主人公第一次接吻时还会问："可以接吻吗？"，这就是他们。他们会首先考虑责任和义务，恋爱时希望控制和调节感情，因此爱情的火花需要很长的时间才能点燃。

基本的嗜好也非常保守。由于不懂融通，在感情和情调方面属于一片荒凉。谈恋爱也希望列一张计划表，按部就班的进行。对对方的感情也要首先得到自己责任上的容许，而且即使和对方相处很久爱情也还是很粗糙、淡薄。

比起自由恋爱，更喜欢以结婚为前提。觉得爱情只是动物的本能，内心感到负担。但是沉默，害羞的后面隐藏着一颗温暖的心，会对信任自己、听从自己的人负责到底，如果遇到自己理想的对象，会全身心投入。

喜欢认为爱情果实珍贵并且是纯朴正直的人。对一见面就撒娇的女子不感兴趣，而对清纯，诚实，重视家庭的女子情有独钟。是喜欢清纯型的波斯菊甚于性感、丰满的玫瑰的典型代表。

*摩羯座女子的爱情

摩羯座的女子性情温和、真诚。有着像天使一样贤惠、善良的心灵，是典型的贤妻良母。一生中即使遇到困难险阻也有默默地迎风解难的忍耐心，具有我国典型的母亲形象。恋爱时也会首先考虑责任与义务，不管什么时候都不会陷入冲动的性爱里。

憎恶讨厌刺激的爱情而且不重视性生活的人。而且由于重视生活，所以比起撕心裂肺的爱情，还是更倾向于老公类型的男子。

结婚后会是一个完美的妻子，因为不管什么时候都不会抛弃家庭，不会忘记作为妻子、母亲的责任。

摩羯座的女子重视爱情的结果，不会轻易提出性要求，也不会有速食爱情，向往能一起生活的男子。喜欢能一直按照自己的方式生活，用真情分享彼此心意，困难时会担当责任的男子。

如果想接近摩羯座女子，要像普通朋友一样靠近她们。虽然刚开始她们会认生，害羞，但是慢慢地会放松警惕，显现出她们内心深处火热的心。

*摩羯座的性特点和室内风水咨询

认为爱情崇高的你非常厌恶不重视爱情的人。而且这会成为一直拘守的问题。如果爱情碰到了一点点困难,你就会觉得整个世界都崩溃了,有严重的挫败感。但是对已经远离的人,分手了的爱情会争取尽快忘记。因为觉得迷恋是在乞求穷酸的爱情。

独自承担义务的你觉得做爱也是生活的一种义务。会认为这是对性爱,对对方做出的一大错误。

对爱情和性爱就像计算器一样精打细算的你来说,室内风水设计显得尤为重要。要选择不华丽,但也不沉闷的和谐室内设计比较合适。过于复杂的话爱情会恢复平静,而过于华丽也会觉得别扭,很难为情。

卧室里的寝具不要选择太突兀的,平凡一点的更为合适。而且卧室的整体氛围选择清晰的色调要比复杂或绚丽的颜色要好。墙壁也不要有什么装饰,应该留空白。

床具最好选用能调节温度的厚重产品,而且要放置卧室中央,头靠窗睡。床套以软豆色和绿色为最佳,不过掺杂部分白色花纹也无妨。窗帘最好选用与床套一个系列的颜色,或者是白色系列,让室内看起来更加清新。

如果靠西有大窗的话一定要挂置窗帘以阻止夕阳的入射,这是因为性格忧郁的你看到夕阳会变得更加忧郁,而且窗帘最好选比较厚的。

化妆台要选用不锈钢产品，而且不要放置TV和音响。如果一定要安置的话，要放在西边，而且音量要尽可能的小，保持室内的安静。照明最好选择直接照明，如果采用地脚灯则要用布把灯的部分包起来，让室内的气氛更为幽静。

你有着变化，改革，前进的好气运，但同时又带有停止，中止，贪欲，欺骗的坏运气。如果经历太多相逢与离别，就更加难找到真爱。会觉得爱情本身是很陈腐的东西，这一点要格外注意。因此要通过合适的室内风水设计来温暖你的心。

专门为摩羯座设计的符合风水的淡绿色和绿色系列床套的卧室。

摩羯座

Consulting

1. 对爱情和性爱就像计算器一样精打细算的你来说，室内一定要选择和谐的设计。
2. 卧室要营造清新的氛围。
3. 卧室的墙壁要尽可能地多留空白。
4. 床要放在卧室的中央，头靠窗睡，而且床要选择能调节温度的。
5. 床套以淡绿色和绿色为最佳，不过掺杂部分白色花纹也无妨。
6. 窗帘最好选用与床套一个系列的颜色，或者是白色系列，让室内看起来很清新。
7. 如果靠西有大窗的话，一定要挂置窗帘以阻止夕阳的入射。
8. 化妆台要选用铁质产品。
9. 最好不要安放TV和音响，如果一定要安装的话，要放在西边，而且音量尽可能小，保持室内的安静。
10. 房间里的卧具不要选择太突兀的，平凡一点的更为合适。

水瓶座

aquarius:1/20～2/18　时而像春风，时而像暴风雨

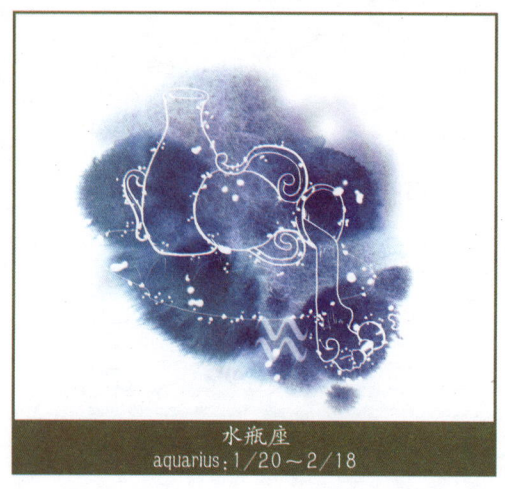

水瓶座
aquarius:1/20～2/18

心力交瘁。

比起和一两个人保持联系更喜欢不论时间，不论地点的无负担交往更多的朋友。而且相对要求很多的爱情更追求用博大胸怀给予理解的爱情。由于有对现实超人一步的预知能力，所以有时也会有孤独感。

♥ 最来电的星座——绝配

牧羊座、双子座、天秤座、天蝎座

■ 尚可配对的星座——普通

射手座、摩羯座、水瓶座、双鱼座

✖ 不协调的星座——厌恶

金牛座、巨蟹座、狮子座、处女座

对爱情似懂非懂，但绝对不是滥情者。他们所期待的爱情是能够陪同他们的同伴者。如果真的爱他(她)，还要理解他们徘徊于现实与理想的思考方式。但是有时即使用尽一生也无法明白不按原则变化的爱情。

水瓶座的爱情具有独创的人道主义精神。博爱，追求理想的世界。但是由于变化无常的性格，很难有明显的正义感。他们好奇心很强，对未来有预测能力，不惧怕新事物，是打破现有常规的先锋。

不会用理性的气氛去抓住对方的心，而且也讨厌这样做。如果发现不是自己喜欢的类型，即使是非常有吸引力的人也会无情地断绝联系。而且由于常常声言要绝交，想逃跑，让对方痛苦不堪，

♥绝配

水瓶座+牧羊座>总是像最初一样

他们总是不断地寻找新事物,之后心急地开展自己的行动。单独的时候总是喜欢埋在自己的世界里,因此慢慢地会觉得受对方的束缚而讨厌对方。

*Advice:有时候输也是赢

*该学习的:动感、活力、和谐的动作

*缺点:不安定、危险、感情贫瘠

*尚待改进的:不要堆积压力

水瓶座+天秤座>爱的春天

魅力而且人性的理想结合,双方都乐于接受对方的要求,而且尊重并且不会侵犯对方的私生活,是现代而且美满的一对。

*Advice:性高潮是从爱抚慢慢演变的

*该学习的:诚实、论理、适当的理解

*缺点:冲动、即兴、武断

*尚待改进的:不要随意下判断

水瓶座+双子座>心和心的交流

非常协调,很合拍的一对情侣。灵活性极佳的两人即使产生了问题也能够运用智慧去顺利的化解。总是盼望着热情的交往,即使是对预料不到的事情也很有忍受力。

*Advice:期待越大,失望越大

*该学习的:理解、直观、通融性

*缺点:不现实、过于斤斤计较、自由奔放

*尚待改进的:过于利己是分手的捷径

水瓶座+天蝎座>手牵手

能够成为幸福的一对。有强烈的服务与牺牲精神。虽然很重视自己的个人目标,但是为了对方能实现自己的理想,会全力以赴,舍弃自己也在所不惜。

*Advice:真正的爱情也需要适当的节制

*该学习的:激情、信赖、献身精神

*缺点:过分追求物质享受、性格变化无常、无节制的奢侈

*尚待改进的:应该确立目标,并坚持不懈地为之奋斗

牧羊座
(aries:3/21~4/20)

双子座
(gemin:5/21~6/21)

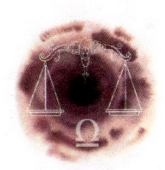
天秤座
(libra:9/24~10/22)

天蝎座
(scorpio:10/23~11/22)

■ 普通

水瓶座+射手座＞夏天的冰

你们不是一对合适的伴侣，自我为中心的你会认为对方要求过多，而且你多血质的言行会伤害到对方的自尊。

*Advice：规律的性生活，感情荒芜

*该学习的：现实、感性、领导能力

*缺点：破坏性、多血质、自我为中心

尚待改进的：不要想着改变对方

水瓶座 +水瓶座＞永远的竞争对手

双方都属于很有个人魅力的人。但是如果结合在一起的话就会产生问题。由于具有反抗和固执的性格，会有紧绷绷的紧张感。

*Advice：赴汤蹈火的爱情容易散场

*该学习的：热情、责任感、服务精神和忘我的努力

*缺点：冲动、好强、无法控制的自由

尚待改进的：冲动购物会导致财政恶化

水瓶座+摩羯座＞相互包容

你们气质完全不同，你是不拘于制度和权力的行动主义者，而对方是重视传统和权力的人。如果希望达成人生观的一致，你们还需要付出很多的努力。

*Advice：冒险精神有时有可能会导致乱伦

*该学习的：好奇心、创造力、挑战精神

*缺点：强迫性、反抗性、情绪不稳定

尚待改进的：应该尽自己的责任和义务，而且重视自己的权利

水瓶座+双鱼座＞转换角色

很难融洽的一对，不过你如果处于领导地位的话就没有什么问题，因为对方时刻准备着为你服务、付出。

*Advice：爱情和性爱是高贵美好的事情

*该学习的：创造力、沉着、准确无误的决断力

*缺点：否定、意外、2%的不足

尚待改进的：不要轻视对方的长处

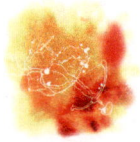

射手座
(Sagittarius：11/23～12/24)

摩羯座
(capricorn：12/25～1/19)

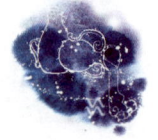

水瓶座
(aquarius：1/20～2/18)

双鱼座
(Pisces：2/19～3/20)

✗ 厌恶

水瓶座+金牛座＞硬币的两面

见面时觉得很厌烦，两人都对对方有疑心，而且只注意对方不好的一面。加之过于斤斤计较，期望越大，失望也越大。

*Advice：身体接触是不用花钱的交流
*该学习的：乐观、热情、从容地开始
*缺点：斤斤计较、物质、期望太多
尚待改进的：爬梯子还是一步步地比较快

水瓶座+狮子座＞不见面的时候想见，见了又心烦

各自生活在不同世界的两个人。如果不能抛弃善变和自我陶醉的生活，交往甚至结婚都不会给两人的关系带来很大的改善。

*Advice：如果经常做lip-service，则会成为真实情况
*该学习的：爽快、创造力、人性
*缺点：警戒心强、忧郁、损人
尚待改进的：按心中所想的做

水瓶座+巨蟹座＞沉默的爱

性格爽朗，喜欢漂浮不定的你对每件事都很大度，但是对方并不能给你所有你想要的，所以多血质的你要百般忍耐。

*Advice：要理解对方的生活方式
*该学习的：重视家庭、推进力、肯定地思考方式
*缺点：优柔寡断、不满、不关心
尚待改进的：不要陷入自我怜悯中

水瓶座+处女座＞火上浇油

向往自由的理想主义者，你对充满智慧的对方能够理解多少？如果双方都能够妥协的话勉强能成为一对。

*Advice：婚姻是一道盖着盖子的佳肴
*该学习的：从容、计划性、干练的言行
*缺点：批判性、执拗、过于现实
尚待改进的：与其说服，还不如选择沉默

✗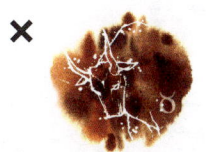
金牛座
(taurus：4/21～5/20)

✗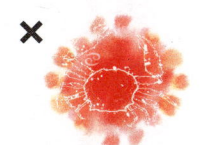
巨蟹座
(cancer：6/22～7/22)

✗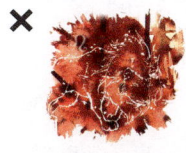
狮子座
(leo：7/23～8/22)

✗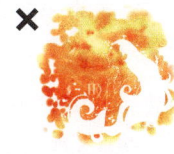
处女座
(virgc：8/23～9/23)

*水瓶座男子的爱情

水瓶座男子的爱情很独特。即使心里已经充满了爱,却又想把心腾空,不会只满足于一次爱情,只要有时间他们就会进行新的恋情,在爱情的领域自由行走,永远不受拘束。

他们是探求事实,实施博爱的理想主义者。喜欢幻想未知的世界,探寻理性的智慧。在床上也是如此,甚至在发生性关系时还会想着白天在公司发生的事,或是和朋友之间的财务纠纷等等。也因为掺杂那么多复杂的想法,所以性行为总是持续不了多久。

虽然性格亲切开放,但是对爱情的表现有时也很冷淡。相信男人是要保护女人的,而且比起特定的某个人来说,更爱她本身是女性的人道主义者。因此通过友谊发展成爱情的情况更多。虽然不会很快的爱上一个女子,但是如果结婚后,会成为一个优秀的丈夫和爸爸。

适当活跃,能大方地表达自己观点,懂得融通、开朗和理性的女子深受水瓶座男子的青睐。而对过于善良,只懂跟随别人没有自己的个性的女子他们会漠不关心。喜欢有着独特个性、自然大方的女子。

*水瓶座女子的爱情

水瓶座的女子有敏锐的洞察力和能言善辩的才能,这些才能使她们往往都有说服他人的欲望。冷静的理性思维和热乎的情感,使她们想创造一个美好的人生。

在晚婚的独身女子中也包括水瓶座。因为她们眼光都很高,而且还计较很多东西,因此很难碰到合适的姻缘。而且过于正确,理性的态度会让人留下无情的印象。她们有时会很唐突,高傲,而且会搞独自行动,讨厌束缚,喜欢变化。

有着接近于无情的冷静本性。因此要用智慧和活跃的思维接近她们。

只有对她们的精神世界进行撞击,她们才会迸发爱情的火花。如果期待火热地性爱,那么在你们感情还不是很深时应该找别的星座的女子。而且比起爱情她们更信任友谊,所以即使分手了也还希望能成为朋友。

她们容易倾慕外表俊朗、理性智慧的男人。如果遇到比自己文化水平更高

的人，她们会觉得更加有性格和人性上的魅力。但是结婚后会要求男女平等，有自己的独立空间。

因为喜欢安静自由，所以如果被限制自由的话，不管和谁都很难相处。而且如果希望她们成为全职太太的话，那很难维持你们的婚姻，因为要是她们感到受束缚了，会选择离开这个家庭。

*水瓶座的性爱特点和卧室风水咨询

你是一个让人难以捉摸的人。靠近一点，你又会跑；离开一点，你又会回来。

结交朋友时，比起和一两个人亲密交往相比，更喜欢和很多人不论时间，不论地点无拘无束地交流。对爱情也是这样。不喜欢受约束，也不喜欢约束别人，所以喜欢不受双方束缚的关系。但也绝对不是滥情者，你所渴望的爱情是能够一起行走沙漠的同伴者。

在床上也是如此，由于发生关系时掺杂过多复杂的想法，所以根本不知道性生活的乐趣，性行为也维持不了多久。

就像对人基本的性生活要求都有不平衡的感觉一样，在社会生活中，她们会一直生活在无法预测和把握不了平衡的状态中。因此对于你而言，平凡而又独特的卧室更为合适。

比起其他的来说能够接受太阳活跃的气运是很重要的。因此为了能在早上太阳升起时完整地接收太阳强烈的气运，床具应该面向东边。如果是性格有些消极的人，卧室的黏合织物最好选择紫蓝色的。如果想接收积极和安定的气运，则选择白色和黄色的产品，把卧室装修得比较华丽。如果选择用花做装饰品的话，则选择紫蓝色系列的较佳。

床具最好选择原木色或是褐色的木质产品，而且是设计成头型曲线的。床套和枕巾应该选择暖色调，床头务必要放置一盏简单的灯座。

如果窗户安置在西边，为了阻止夕阳西晒，窗户周围和床边要摆放一些光和作用的盆景。化妆台，衣柜等也最好选用明亮的颜色。TV，音响则放在东边比较好，照明的灯则以有光亮的感觉为最佳。

有一点很重要，就是卧室里的杂物应该清理干净。因为不必要的，但又舍不得扔掉的旧东西会阻止你的好运。另外，摘掉那些为防止房间空荡荡而挂在墙上的画框也是招好运的一个秘诀。

水瓶座的人最好在床周围用紫蓝色的花做装饰。

水瓶座

Consulting

1. 为了给生活积极的充电，卧室装修则要平凡但又还算过得去。
2. 为了能在早上太阳升起时完整地接收太阳强烈的气运，床具应该放置在东边。
3. 如果是性格有些消极的人，卧室的黏合织物最好选择紫蓝色的。
4. 如果想接收积极和安定的气运，则选择白色和黄色的产品，把卧室装修得比较华丽。
5. 床具最好选原木色或是褐色的木质产品，而且是设计成头型曲线的。
6. 床套和枕巾应该选择暖色调的。
7. 床头务必要放置一盏简单的灯座。
8. 化妆台，衣柜等也最好选用明亮的颜色。
9. TV，音响则放在东边比较好。
10. 照明的灯则以有光亮的感觉为最佳。

双鱼座

Pisces:2/19~3/20 时而像海市蜃楼，时而像彩虹

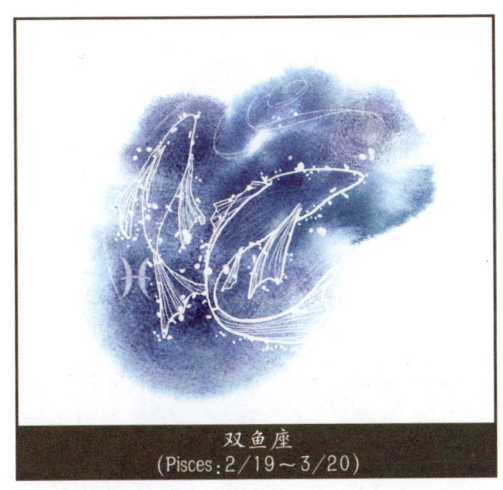

双鱼座
(Pisces:2/19~3/20)

双鱼座的人敏感，价值观念强。对生活的觉悟性很高，希望能永远保持热情四射的年轻模样。禁欲观念差，因此对世俗很关心。对爱情也是这样，希望通过自己敏锐的第六感上演一幕神秘而又精彩的爱情剧。

拥有像大海一样宽广的包容力，即使是不能实现的不安定的爱情，也会随时准备迎接对方的回心转意，可以堪称是能在心里为对方留位很久的纯情派。不过在深入地观察现实的同时要牢记幸运随时可能会降临身边。而且能够保护自己的人，最终还是自己。

不管做什么事你都追求完美。当他人处于困境时，心地善良的你做不到视而不见。因此你会经常因为对方的甜言蜜语受伤，流泪，甚至绝望，身心都受到伤害。

拥有让人猜不出年纪的年轻心态。充满活力，多愁善感的你会对对方说很多好听的话，因此如果陷入爱河，会在很短的时间里博得对方的好感。虽然人情味重，而且善解人意，但是却讨厌深入地介入他人的事。

♥最来电的星座——绝配

巨蟹座、天秤座、天蝎座、摩羯座

■尚可配对的星座——普通

牧羊座、金牛座、水瓶座、双鱼座

✗不协调的星座——厌恶

双子座、狮子座、处女座、射手座

设计人生的空间——卧室

♥绝配

双鱼座+巨蟹座＞雪中梅

浪漫的邂逅。对于从头到尾都理解和包容,富有同情心、细心的你来说能感觉出赋予对方真挚爱情的力量来源是什么。

*Advice:女人喜欢被慢慢接近的感觉

*该学习的:同情心、决断力、居家言行

*缺点:依赖、过宠、自尊心过强

*尚待改进的:应该适当地接受对方的忠告

双鱼座+天蝎座＞野心或安居

会照顾对方。才华横溢、心灵手巧的你能够掌握对方的言行。你们之间不会有什么大的波折,生活能按所希望的进行。

*Advice:避免假装达到性高潮

*该学习的:肯定性、挑战性、自信心

*缺点:有逃避倾向、依赖心、无中生有

*尚待改进的:不要把不满堆积在心里

双鱼座+天秤座＞宽恕和包容

困境时能够互相激励、给予勇气的一对。对对方百般关心,要求合理。因此最终能够通过互相的信赖感到满足。

*Advice:爱情是灵魂的形而上学,而性爱是爱情的形而下学

*该学习的:论理性、积极性、不断地激励

*缺点:漠然、忧郁、性情多变

*尚待改进的:好的东西不止是有好的一面

双鱼座+摩羯座＞沙漠里的绿洲

缺少感性的另一半,有着心思细腻的你来读懂他(她)的心。能包容对方缺点,有服务和牺牲精神的一对。

*Advice:如果爱他(她),就不要犹豫

*该学习的:浪漫、自制力、服务、牺牲精神

*缺点:过于随意、利己心重、不懂让步

*尚待改进的:勿把温柔当柔弱

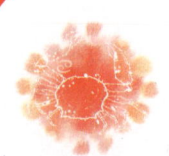

巨蟹座
(cancer:6/22~7/22)

天秤座
(libra:9/24~10/22)

天蝎座
(scorpio:10/23~11/22)

摩羯座
(capricorn:12/25~1/19)

■ 普通

双鱼座＋牧羊座＞比起情人，更像伴侣

独立心强，快活性格的对方对你内向而且斤斤计较的性格很失望。不过结婚后能成为一对现实、进取的夫妻。

＊Advice：偶尔分房睡，体会一下想念对方的感觉

＊该学习的：多才多能、成功、理解

＊缺点：反抗、混乱、以个人为中心

＊尚待改进的：制定共同的目标

双鱼座＋水瓶座＞转换角色

很难融洽的一对，不过如果你承认对方处于领导地位的话就没有什么问题。你的顺从会使对方成为出色的领导者。

＊Advice：爱情和性爱是高贵美好的事情

＊该学习的：创造力、沉着、准确无误的决断力

＊缺点：否定、意外、2％的不足、

＊尚待改进的：不要轻视对方的长处

双鱼座＋金牛座＞在鸡蛋里加盐

如果能够激起双方发挥自己的优点，会成为一对美满的夫妻。喜欢高雅美丽的两个人，如果用冷静否定的思维有些对话也很难进行下去。

＊Advice：享受一下文化之旅

＊该学习的：多才多能、社交、牺牲精神

＊缺点：冷淡、破坏性、冷酷的判断力

＊尚待改进的：过度的宽容就是屈服

双鱼座＋双鱼座＞花无十日红

没有问题的一对。双方都是认真打点家庭的典型代表，不过只是在某种程度上感到满足，因为只是做必要做的事，别的事情都避开。

＊Advice：定期检测你们之间的爱情

＊该学习的：现实、安静、冷静的分析

＊缺点：利己、依赖、冷淡的爱情观

＊尚待改进的：应该有服务牺牲精神

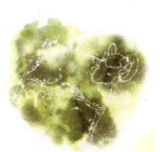
牧羊座
(aries：3/21～4/20)

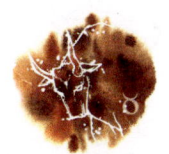
金牛座
(Taurus：4/21～5/20)

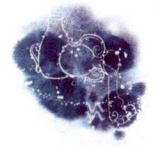
水瓶座
(aquarius：1/20～2/18)

双鱼座
(Pisces：2/19～3/20)

✗ 厌恶

双鱼座+双子座＞一夜情

休息日时，一个人想独处，休息一下，可另一个人又喜欢两个人一起进出。想摆脱这样的差距还需要双方很大的努力。

*Advice：三次长、三次短

*该学习的：感性、热情、进取的思考方式

*缺点：意外、破格、过分的批判

*尚待改进的：要抑制表现一时冲动的感情

双鱼座+处女座＞风前摇曳的灯

虽然很容易就结婚，但是要维持婚姻很困难。虽然有不能达成一致的部分，但是如果相互尊重，是能够克服一定差距的。

*Advice：即使是义务性的性生活，也不要跳过去

*该学习的：思考、勤劳、直白的感情

*缺点：说话冲、自以为是、怪异的性格

*尚待改进的：做决定不要花费太长的时间

双鱼座+狮子座＞生活在一个屋檐下的两家人

人生态度完全不一样的一对。对自己的处境总是觉得很悲观。因为觉得自己给对方造成伤害，所以想找另一个更好的人。

*Advice：最终还是他

*该学习的：积极、进取、有魅力的性格

*缺点：斗争、利己、过于现实

*尚待改进的：如果不兴奋就可以相爱

双鱼座+射手座＞奇特的邂逅

关系不平凡的一对。两人都喜欢家庭生活，并制定现实的目标。但是偶尔有可能因为性的问题做出变态行为。

*Advice：禁止让人起鸡皮疙瘩的行为

*该学习的：活动力、社交能力、以家为重的行为

*缺点：自卑、狡猾、敏感

*尚待改进的：不要急躁，慢慢来

双子座
(gamin：5/21～6/21)

狮子座
(leo：7/23～8/22)

处女座
(virgc：8/23～9/23)

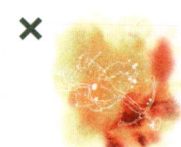

射手座
(Sagittarius：11/23～12/24)

*双鱼座男子的爱情

双鱼座的男子有一股淡淡的清香,是个浪漫主义者。虽然与初次见面的女子没有很多话题,但是如果喜欢了,就会瞬间变得热情奔放。而且拥有丰富的想象力和创造力,会为了心爱的女子写诗、献花,非常感性。

虽然心思敏锐,而且有良好的适应能力,但是由于具有双重性格,有时也会出现对世上之事否定和冷嘲的情况。有时会被不能解决的事情难住,而且会保持和他人间的距离,很难深交。由于行动毫无节制,会出现一时快乐,一时痛苦两极的状况,因此双鱼座的男子要格外留意酒精中毒和药物中毒。

和他人相处时不会敞开心扉。因为他们有活在自己空间里的梦想家气质。但是由于他们很富有同情心,而且心灵脆弱,如果对方哭了,会陪着一起哭。不管是谁,都会很大方的借自己的肩膀给她靠。

有着做爱人很好的资质。亲切,而且对对方的态度很直率。但是因为天性喜欢面对不可预料的状况,因此很有可能会被奇特女子所诱惑。

比起有个性的女子,他们更喜欢平凡一点的,而且特别喜欢在日常生活中能说甜言蜜语有女人味的女子。

*双鱼座女子的爱情

双鱼座女子有很多要求。性格温顺,柔和,但有两极化的倾向。对爱情也会出现精神和肉体间严重的矛盾。在床上,会用道德看待性的问题,所以只有先克服灵魂和肉体间的二元性问题,爱情才能继续。

富有同情心,希望通过自己第六感加深对生活的理解。对爱情也很周到细致,愿意为对方牺牲,做强有力的后盾。因为对感情和氛围很敏感,所以很难抗拒诱惑自己的人。

因此会被卷入是非里,后悔莫及。为了维持感情上的平衡,需要在此上花费更多的心思。

她们喜欢帅气的男子。由于自己的意志较弱,因此会选择累时能够依靠的稳重男子。对像父亲一样能够指引生活道路的男子情有独钟。即使有些不足,也会对自己中意的人敞开心扉。如果和对方确定了关系,会希望永远能在一起。

结婚后会精心打点家,内辅丈夫,

并从中感受到幸福。但是片刻也不能有不确定爱情的感觉，所以要一直让她有只爱她一个的幸福感。不过如果有一天觉得自己不够充实，会突然从对方身边走开。

*双鱼座性爱特点和室内风水咨询

你说话很有激情，而且神秘色彩强。憧憬像教科书和理想主义的完美。不管做什么事都趋近于极端，所以有时会有很不现实的主张。这一点在床上也一样，为了让对方有肉体的满足和浪漫的感觉，会按照自己认为好的方式全力以赴。

温和而又细心是你的性特点。为了让对方有满足感，希望能细心照顾对方的你会尽全力。这一努力，不只是在肉体，包括感情方面都追求完美。像这样会对对方敏感的你，有可能会要求对方在精神上有所补偿，心灵上还有可能有重压感。

由于你神秘而又浪漫的性格特点，所以如果是真爱，在空闲的时间适当地调节气氛，很容易产生性冲动。另外，你要求心灵极端化交流，因此对性爱很执著。而且由于你善变的性格，有可能会出现对性爱过于投入和沉湎。

你要特别注意能中毒的物质，因为你对精神压力反应很敏感。比起他人来说你更容易感到疲惫，失去活力，所以要依赖于酒烟等有毒物品。因此当爱情枯萎，性生活乏味时，不要接近能中毒的物品，这样才能转化成好风水。

卧室的色调选择淡绿色，蓝色系列为好。因为作为海王星守护神出身的你来说，淡绿色和蓝色能够让你安静，同时也会让你从现实的角度迎接新的挑战，带来好运。

床要简单而且高度相对低的原木为好。如果是单身，床要面对东边，如果已婚，则西边较好。如果希望得到好姻缘，头朝南睡便能如愿。

化妆台以木质的最佳，如果在西边装置更衣镜的话，从外面进来的好运会被镜子反射出去，所以更衣镜要换其他地方比较好。对窗的宽度并没有要求，不过为了切断夕阳的侵入。要用厚实的双重窗帘。对于男性来说，淡绿色和蓝色为好，而女子则选用粉红色，淡青色系列的最佳。

像TV和音响等发出声音的家具要放在东南方向，而且周围有花装饰较好。年轻人应选择华丽的花，而上了年纪的人则选择绿色的花比较吉利。为了让室内有明亮的感觉，照明应该选择直接照射较好。

选择蓝色系列双重的遮阳布让室内更具色彩。

双鱼座

Consulting

1. 卧室里选择淡绿色，蓝色系列为好。
2. 床要简单而且高度相对低的原木为好。
3. 如果是单身，床要面对东边，如果已婚，则西边较好。
4. 如果希望得到好姻缘，头朝南睡便能如愿。
5. 化妆台以木质的最佳。不过要注意一点，如果在西边装置衣镜的话，从外面进来的好运会被镜子反射出去。
6. 为了转换沉滞的心情，要经常换气。
7. 对于男性来说，淡绿色和蓝色为好，而女子则选用粉红色，淡青色系列的最佳。
8. 像TV和音响等发出声音的家具要放在东南方向。
9. 在家用产品的周围最好摆放花来装饰。
10. 照明则以直接照明为佳。

风水就是通过"风、水"的调和管理风和水。因此，即使是从字义上理解，就能充分地体现出与水有直接关系的浴室、卫生间的风水装修的重要性。特别是用于洗去污垢、排放废弃物的浴室和卫生间，和人的健康有着极其密切的关系。所以如果不对浴室、卫生间进行管理，堆积的厄运会对家人造成威胁。因此，从现在开始，一起关注左右家人健康的浴室、卫生间的风水室内装修吧。

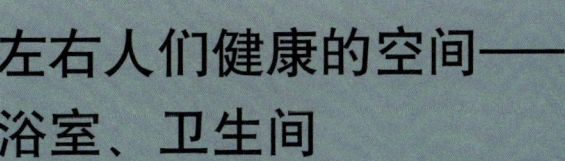

Part 5

左右人们健康的空间——浴室、卫生间

完美幸福的浴室、卫生间风水装修

在浴室和卫生间里，人的身体经常是处于部分或全部裸露的状态，其中和生殖器有直接关系。生殖器首先是延续血脉的器官，而且还是和日常生活中男女的爱情、健康有密切关系的部位。因此，管理浴室，卫生间非常重要。

在风水学中这样指出："想了解一个人的健康，只要检查与水有关的浴室、卫生间的状况便能得知"。所以保持浴室、卫生间的清洁是爱情和健康的重要工作。

浴室，卫生间的风水装修首先要考虑的一点就是排水。水，不仅对健康、家庭关系、人际关系，还对金钱等有很重要的影响。排水不畅会导致好运受阻。因此，应经常检查排水道，以保证其通畅。

其次要考虑的是通风。浴室，卫生间是处理排泄物的地方，因此空气很污浊。而且由于每天都要进出几次，厄运会直接侵入暴露的身体。加之窗子很小，甚至根本没有，所以并不能很好地净化污浊的空气。因此需要通过排风扇等物理方法换气。

再次，要注意的是清洁。浴室，卫生间是清理肮脏的地方，所以既干净又邋遢。如果认为用普通的水就能把肮脏清洁干净，那就大错特错了。由于用肉眼看不见，所以为了驱散浴室，卫生间本身散发的异味和厄运，要经常清洁卫生。

*要关上浴室，卫生间的门

不管怎样注意清洁卫生，浴室、卫生间还是会散发众多凶气。为了不让厄运外泄，要养成随手关门的习惯。

如果家人毫无理由疼痛，或是突然之间散财，那么要在浴室门口挂置镜子。这样可以防止好运通过卫生间散发出去。

与别的地方相比，浴室、卫生间存放很多大大小小的物品。零碎的东西遍布各地，但是要确保盥洗台周围没有任何东西，保持干净清爽。因为盥洗台太凌乱，洗脸的时候容易受伤。

个人住宅里马桶要安装在远离门的位置，尊重家人隐私，恢复健康的同时也能从话多，病多的口舌中逃离出来。

*清新香气的洗衣粉让人也香醇

由于浴室，卫生间的物品直接接触身体，所以吉凶祸福很快传递，因此沐浴用品要精心保管。如果使用有香气的产品，能够加深留给周围的人的好印象。

沐浴露、洗衣粉等大型容器的产品最好不要直接使用，而是将之用小的容器装着。如果使用大容器产品，会发生很多让人头痛的事情，特别是出现人际

关系乱成一团的事。

在风水中,方向很重要。根据产地的不同,产品的气运也不一样。如果做与外国有关的事,使用那个国家的产品,适应能力会加强。

浴室,卫生间物品要选柔和的色调。米黄色、淡绿色,淡青色等都比较好。过于华丽的颜色所带来的强烈气运会招致大大小小的厄运,对老弱者尤其不好。

禁止在卫生间里放置打扫工具,因为会出现家庭问题增多,小孩学业受阻的情况。如果实在没有合适的地方放置,也必须用绿色植物将其隔开。

*漂亮的浴室营造一个幸福的家庭

浴室的垫子是赤脚接触的物品。由于与接受大地气运的脚掌接触,因此与健康和自尊心有关联。如果使用沾了污垢的垫子会伤及自尊心,所以要经常清洗。

壁柜里如果挂太多毛巾,阴气会浸入毛巾里。特别是在沐浴后,整个身体都处于干净的状态时,凶气更容易传入身体。

不要使用香气很重的芳香剂,因为从卫生间里散发出来的香气会使人卷入不必要的事情里。会造成名誉上的损伤和引来不必要的口舌。

浴室,卫生间里不要放置玩偶。也不要放置让人产生联想的雕塑品,小物品。人物画,有人型的海报也不吉利,像人一样大的像框也要摘除。

画框挂在门的右边能带来财运。但是如果挂置日历,会出现管理时间的错误和因为管理疏忽而造成失误的现象。

挂上人物海报虽然气氛轻松,但是因为人物海报会带来凶气,所以要立即取下。

属于我的星座
浴室、卫生间风水设计

12星座和生活的变化：春天、夏天、秋天、冬天

*每个文化圈对世界的理解都各有不同。在东洋文化圈里，人们认为人类是宇宙性的存在体，人类的生活周期是和自然现象同时开始的。就像宇宙按照自己特定的法则和模式运转，人类的生活也和自然界的变化同时进行。

*运动和变化要有时间作为前提，而作为生命体的人类便是运动不止的存在体。对于人类这一属性，Watson，L 曾说过："生物随着时间而变化。人类的脉搏和地球的运转，宇宙的轨迹是以同样的节奏进行的，这就是由四季的转换而决定。"正如他所说，人类和宇宙的轨迹一脉相承。

*根据最新研究表明：东洋思想中天地人合一的思想和占星学的原理是一样的。这再次说明人类的生活是宇宙性的活动，即深受12星座运转的影响不得而知，人类生活的变化也会随着四季交替而转换。

*从上可以得出结论，变化要以时间为前提。而从古代起，东洋人对时间的概念分为四时，即四个季节。追寻其根源是根据人类的生活形态：春、夏、秋、冬四个季节的不同特点加以区分。

*春天万物复苏，竞相生长；夏天让生命更具活力，充分的表现自我；秋天果实累累，到处洋溢着丰收的气息；冬天万物沉睡，孕育生机。

*就如春夏秋冬各具特色，人身体的反应也各有不同。因此为了室内形成良好的风水，要关注12星座四个季节变化的特点。

春天的星座 | spring sign:0～21岁

牧羊座（0～7岁）金牛座（7～14岁）双子座（14～21岁）

接收春天的气运出身的你有着破冰而出的气势，因此有开辟一片新天地的气运。

在风水里，主管春天的力量是年轻和开拓精神。拥有这些力量的你喜欢像年轻人一样充满活力而且具有挑战性的生活。但是如果不恰当利用春天的气运，就像遭遇春寒一样，身体状况起伏不断，忧郁症等精神、情感方面的恢复停滞不前。

你先天有气管炎、甲状腺、肺炎等呼吸道疾病和失语症、自闭症的潜在危险。驱除这些厄运的室内风水装修，就是采用白色或黄色的产品，而且要安装通风性能好的排风扇和清理不必要的物品。

内部的装修要华丽，总体色调以粉红色或青色为佳。窗帘、遮帘、浴巾、坐垫等要统一颜色，不过作为点缀，部分使用白色、红色也无妨。地板瓷砖则采用白色、青色、粉红色最佳，而壁面瓷砖则使用镶嵌工艺品或部分绘制壁画。

你天生与音乐很有缘，所以最好在使用浴室时哼歌，或在浴室放置录音机，播放音乐。而且最好在浴室门口安装时钟，因为对于你来说进出浴室时能听到清脆响亮的声音也是去除厄运的一个极好策略。

镜子越大越好。如果和伴侣经常争吵，则放置插着红色或粉红色花的花瓶能减少你们之间的争执。

最后，有便秘的人，浴室的颜色应为黄色，同时墙上挂置绘有明亮天空的画，便秘便能有显著改善。

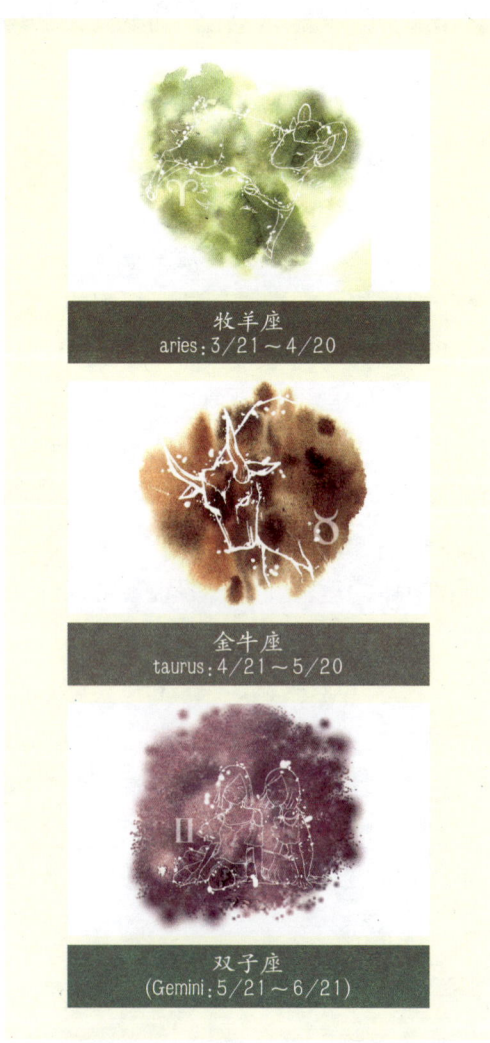

牧羊座
aries;3/21～4/20

金牛座
taurus;4/21～5/20

双子座
(Gemini;5/21～6/21)

春天的星座

Consulting

1. 沐浴时聆听轻音乐，对身心有好处。
2. 内部装修要华丽。
3. 窗帘、遮帘、浴巾、坐垫等要统一颜色。
4. 不过作为点缀，部分使用白色、红色也无妨。
5. 地板瓷砖则采用白色、青色、粉红色最佳，而壁面瓷砖则使用镶嵌工艺品或部分绘制壁画。
6. 镜子越大越好。
7. 如果和伴侣经常争吵，则放置插着红色或粉红色花的花瓶能减少你们之间的争执。
8. 有便秘的人，墙上挂置绘有明亮天空的画，便秘便能有显著改善。

夏天的星座 | summer sign:21～42岁

巨蟹座（21～28岁）狮子座（28～35岁）处女座（35～42岁）

接受夏天气运出生的你有着超于寻常人的直观力和正确的思考方式。而且知道什么重要，自己想要什么，并付诸于实践的实践派。

在风水里，主管夏天气运的力量是名誉、直觉和社交等。如果装修得当，能在决定性的一刻预见给予自己帮助的人。

你极有可能深受眼、鼻、耳、心脏等疾病的困扰，同时要格外注意失眠、胃病等疾病的侵犯。改变这一厄运的装修是采用绿色植物装饰，这样做能使你对每件事都能用肯定和健康的眼光看待。同时在浴室角落放置两盆花、两杯盐。肠胃不好者，浴室采用黄色作为点缀，病痛能有明显改善。

内部装修要强调异域风味，而且适合使用金属产品。如果采用镀金产品作为装饰，能使你得到对方贵宾级的待遇，好运节节攀升。另外，为了排水通畅，地下排水管要尽可能大。地板、墙壁的瓷砖最好选用白色、米黄色、浅绿色等，而浴缸则选用浅绿色、象牙色最佳。另外，浴巾要选用动感、热情地设计。

你很适合使用带宗教色彩的小饰品，因此最好挂置黑色或金色的宗教画。由于夏天是火的象征，和水犯冲，因此沐浴后务必记住要排水。

如果不能圆满解决事情，则在洗漱台上摆放清香剂或花。如果没有摆放花的空间或是没有时间，那么使用带花纹的壁砖，或在壁砖上粘贴有花纹的干胶标签。另外，使用带花纹的浴巾也是提升好运的妙招。

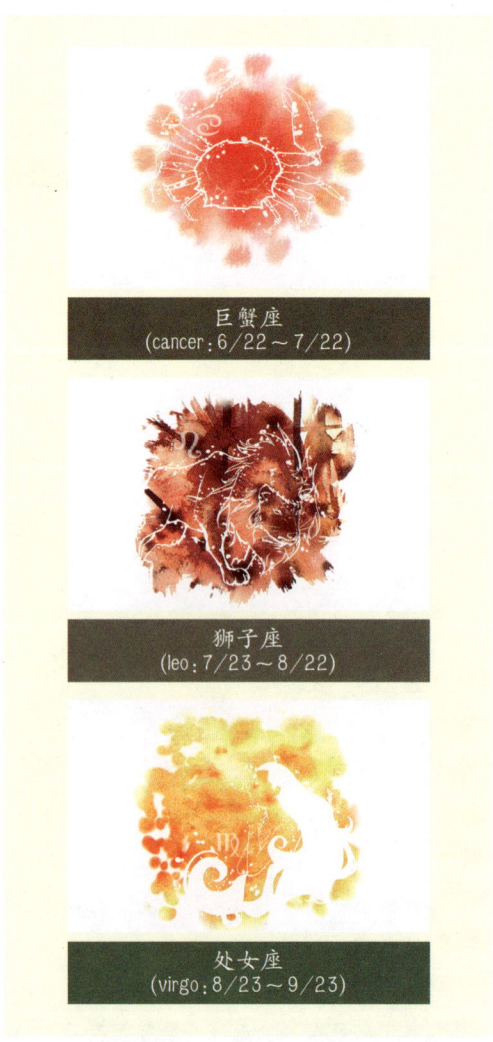

巨蟹座
(cancer：6/22～7/22)

狮子座
(leo：7/23～8/22)

处女座
(virgo：8/23～9/23)

夏天的星座

Bathroom

Consulting

1. 如果天生受失眠、胃病煎熬的人积极采用绿色植物做装修，会有明显的改善。
2. 如果不能圆满解决事情，则在洗漱台上摆放清香剂或花。
3. 如果采用镀金产品作为装饰，能使你得到对方贵宾级的待遇。
4. 为了排水通畅，地下排水管要尽可能大。
5. 地板、墙壁的瓷砖最好选用白色、米黄色、浅绿色等。
6. 浴缸则选用浅绿色、象牙色最佳。
7. 浴巾要选用动感、热情地设计。
8. 你很适合使用带宗教色彩的小饰品，因此最好挂置黑色或金色的宗教画。

属于我的星座风水装修

秋天的星座 | fall sign:42～63岁

天秤座（42～49岁）天蝎座（49～56岁）射手座（56～63岁）

接受秋天气运出生的你有着似万物丰收的富余生活。追求金钱上的利益，对结果成功与否区分明显。

在风水里，秋天是对话、恋爱和果实的象征，接受这些气运的你人际关系很好，求胜心理强。喜欢与人交流，并通过交流进入大活动领域。如果错误地利用秋天的气运，就会把握不住度，最终自行堕落，这是因为秋天也象征隐居、隐退。

你天生易得呼吸道、便秘、消化道方面的疾病。而且极有可能因为肾脏疾病而受苦，造成精力衰退而苦恼不堪。为了去除厄运，要采用绿色植物装饰。如果觉得很难打理，则用植物画和百花香。内部设计采用长方形或自由形状的要比正方形的好。

内部要统一为白色，粉红色、象牙色等浅颜色作为点缀。镜子应有绿色华丽的装饰，而镜框也应为绿色。

你与香气有缘，因此用化妆品、化妆纸等消费品时尽可能使用香味醇的。室内最好摆放粉红色、黄色、红色等华丽带有本色清香的花，而花瓶则使用镀金装饰的高级产品，花要压低插。秋天的气运对于女性心理、情感有一定的威胁，如果患有忧郁症，内部设计为幻想型能使沉闷的气氛一扫而光，让人重获正确积极的心态。

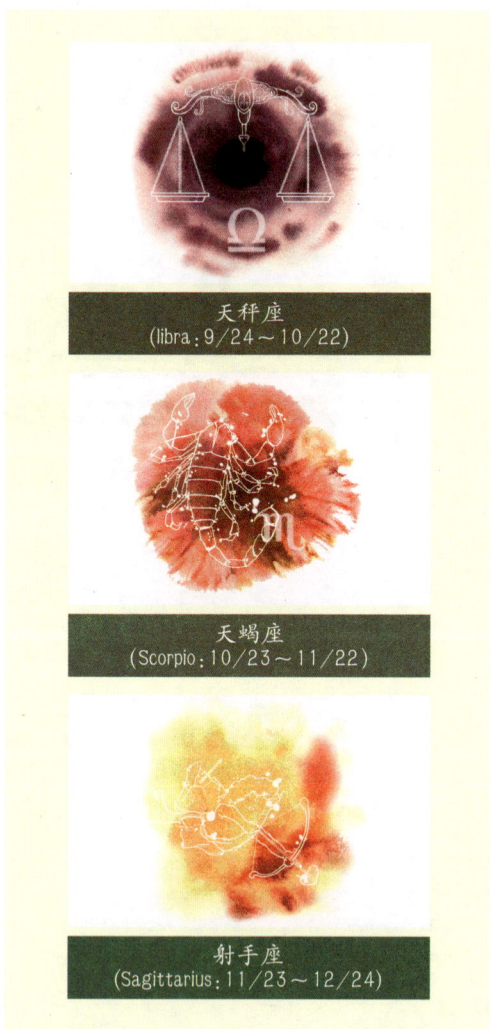

天秤座
(libra:9/24～10/22)

天蝎座
(Scorpio:10/23～11/22)

射手座
(Sagittarius:11/23～12/24)

秋天的星座

Bathroom

Consulting

1. 内部设计采用长方形或自由形状的要比正方形的好。
2. 内部要统一为白色，粉红色、象牙色等浅颜色作为点缀。
3. 如果挂置画，则选绘制日出等具有动感系列的。
4. 墙壁、天花板要选米黄色系列，而地板则选人造大理石或与之相同的材料。
5. 镜子应有绿色华丽的装饰，而镜框也应为绿色。
6. 你与香气有缘，因此用化妆品、化妆纸等小物品时尽可能使用香味醇的。
7. 如果摆放花做装饰，则选粉红色、黄色、红色等华丽带有本色清香的花。
8. 花瓶则使用镀金装饰的高级产品，花要压低插。

左右人们健康的空间——浴室、卫生间

属于我的星座风水装修

冬天的星座 | winter sign:63～84岁

摩羯座（63～70岁）水瓶座（70～77岁）双鱼座（77～84岁）

接收冬天气运出生的你怀着平静的心期待明天的希望，拥有卓越的设计才能。冬天是冰雪覆盖的季节，与此相同，在冷酷、淡色的外表下有着一颗让人猜不透的心，这便是你独特的特征。

在风水里，主管冬天的力量是决断力、主人公意识和精神力量等。卓越的室内风水设计会带给你朝气蓬勃，热情四射的社会生活。但是使用了错误的装修，处理事情的消极态度所引发的种种失误，就会造成自信的散失。

由于先天原因，你经常感冒，备受冷症的煎熬。另外，患胃病、肾病的几率相当的高，抗压力差。去除这一厄运的最好方法就是放置仙人掌，不过由于仙人掌在风水上是危险物品，因此放置一个仙人掌要比几个仙人掌要好，同时要注意好好管理。

内部要选暖色调。地板要选凹凸不平，不易滑倒的产品。颜色最好选择土黄色、粉红色、米黄色系列的，而壁砖则选择暖色调系列。如果条件允许，最好安装浴缸，经常洗半身浴。

你天生与暖和的水有缘，因此安装浴缸经常沐浴对你的身体有好处。如果沐浴时在水里撒些粉红色花瓣，能得到另一半贵宾级的待遇。

你很容易受到伤害，因此为了避免卷入口舌之争，要养成经常堵住排水口的习惯，窗和镜子也不要打开，并保持干净。毛巾最好选暖色调。血压不正常的人要使用有暖气效果的坐浴盆。如果深受寒症、感冒折磨，则采用明亮的照明，对病痛的痊愈有明显帮助。

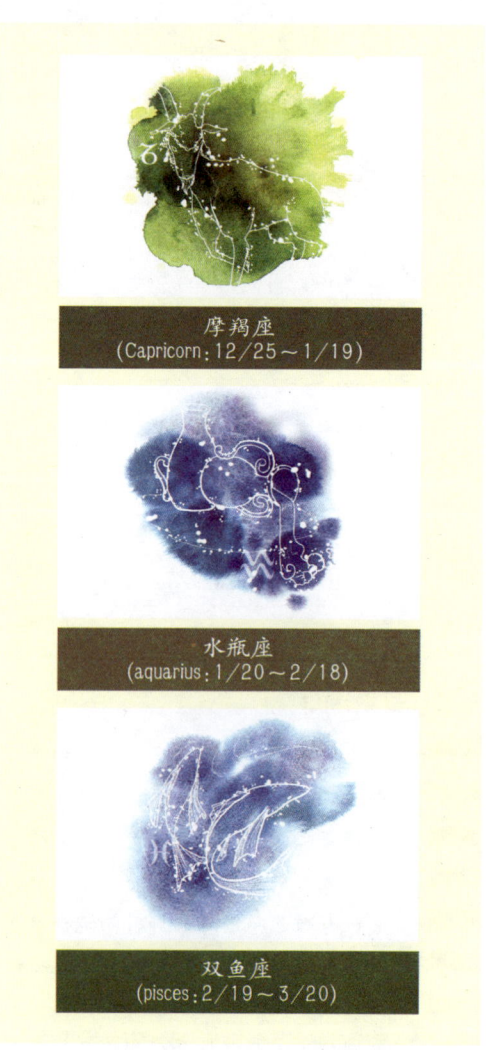

摩羯座
(Capricorn:12/25～1/19)

水瓶座
(aquarius:1/20～2/18)

双鱼座
(pisces:2/19～3/20)

冬天的星座

Consulting

1. 如果在卧室摆放仙人掌，则摆放一个要比几个好，同时要注意管理。
2. 内部装修要选暖色调系列。
3. 地板要选凹凸不平，不易滑倒的产品。颜色最好选择土黄色、粉红色、米黄色系列的，而墙壁则选择暖色调系列。
4. 如果条件允许，最好安装浴缸，经常洗半身浴。
5. 如果使用装饰品，则选暖色调系列的，不过深绿色、浅绿色、黄色也无妨。
6. 为了不卷入口角之争，要养成经常堵住排水口的习惯。另外，窗和镜子也不要打开，并保持干净。
7. 血压不正常的人要使用有暖气效果的坐浴盆。
8. 如果沐浴时在水里撒些粉红色花瓣，能得到另一半贵宾级的待遇。

tip

不同方位浴室、卫生间的健康——用颜色守卫

★ **坐落于东面的门廊**

使用方位幸运色红色的毛巾、小饰品、健康指数会上升。地砖则使用红色、青色的塑胶。黑色的马桶或盥洗台会降低东边的气运，要禁止使用。

★ **东南方向的浴室、卫生间**

最好使用有花纹的地砖，墙壁和天花板选用暖色调花纹或条纹吉利，马桶则选粉红色、米黄色为好。而毛巾、拖鞋、垫子等最好使用带花纹的绿色或浅绿色产品。

★ **在南边的浴室、卫生间**

选用统一的冷色调。马桶选白色、浅绿色、青色等系列。地板、墙壁和天花板也选用冷色调较好。不过为了避免单调，抽纸筒等小物品选用红色作为点缀也无妨。

★ **西南方向的浴室、卫生间**

内部统一为白色或浅肉色。最好放置绿色植物或绘花的景物画。要重点注意通风设备。如果有心愿，则将毛巾换为深色的，而且挂置有宗教色彩的画。

★ **在西边的浴室、卫生间**

内部最好选用白色、粉红色、象牙色等浅颜色。地板则选用白色系列的人造大理石最佳。墙壁和天花板最好选用米黄色，毛巾和小饰品则选用深褐色或浅绿色。

★ **西北方向的浴室、卫生间**

最好使用像树颜色一样的产品点缀。墙壁容易接触到水的地方最好选用浅绿色系列的壁砖。马桶和盥洗台选用深色为佳，而垫子、拖鞋、马桶垫则最好统一为浅绿色、象牙色。

★ **在北边的浴室、卫生间**

马桶最好选用白色、象牙色，而且最好在马桶对面挂置华丽的画或绘制花的画。墙壁和天花板则选用暖色系列以营造温暖的氛围。垫子和拖鞋选暖色调或华丽的花纹为最佳。

★东北方向的浴室、卫生间

总体为米黄色、象牙色、白色最佳。地板、墙壁和天花板最好选明亮的颜色。拖鞋、垫子和毛巾等统一颜色，如果选用花作为装饰，则选黄色、粉红色等亮丽的颜色。

浴室*一定要注意的

- 经常擦洗金属物品，保持其明亮光滑，能招财运。
- 盥洗台如果沾有污垢，会贬低身份。
- 浴巾、毛巾等一定要保持干燥。
- 浴缸里若留水过夜，会遭口角。
- 浴巾若不常清洗，身体状况会下降。

卫生间*一定要注意的

- 排风不畅会带来凶气，因此一定要注意通风。
- 如果有垫子却不使用拖鞋，会带来凶气。
- 如果浴室里乱七八糟，私生活也会紊乱。
- 马桶坐垫如果弄脏，身体状况会下降，因此要随时注意清洗。
- 如果照明灯火不明亮，运势会下降。

不同方位卫生间所引发的疾病

- 东面：肝病、忧郁症、呼吸道疾病
- 东南方向：中风、脑淤血、神经衰弱、甲状腺
- 南边：血压高（低）、失眠、眼/鼻/耳疾病
- 西南方向：胃病、消化道疾病、精力不足
- 西面：牙痛、头痛、富贵病、口腔疾病
- 西北方向：头晕、便秘、压力、发热
- 北方：忧郁症、肾病、心脏病、冷症
- 东北方向：食欲不振、腰关节痛、半身不遂

世界上生活着各式各样的人,而每个人都怀着不同的梦想生活。有的人希望遇到好的伴侣,有的人希望有属于自己的房子,有的人希望不要因为升职而焦心,还有的人希望走财运、中彩票。因此,室内风水装修就是根据不同的目标而设计。现在开始,我们一起了解与你的愿望相符的室内风水装修吧。

不同愿望的风水设计咨询

Part6

在陌生的地方寻求幸运的饰物风水咨询

偶遇是福是祸？有着撩动心弦，难以捉摸的邂逅在陌生地方更具刺激性。如果期待在久违的假期里遇到好姻缘，则要在出发前为之做充分的准备。首先要仔细观察住宅里的物品，因为即使是小物品也藏有改变气运的潜力。

人们常常埋怨旧人离去，也因为反反复复地缘聚缘散，对爱情已失去安全感。但是若希望有所改变，还是必须要敞开心扉，因为自己所期待的另一半也许就是最合适的那一位。因此，为了寻找下一段感情，要擦亮眼睛，多留心眼，毕竟你的另一半随时可能会出现在你预料不到的地方。

在度假时期，更加可能会因为陌生地方的诱惑所吸引。而大海之所以能治疗我们灵魂的伤口，那是因为在那里有无尽地憧憬，有永不停止的海浪，还有甜蜜的情感。加之它拥有拥抱世界的水平线，使之更加美丽。

为了给疲惫的身心再充电，还有比选择旅行来寻找爱情更好的方式吗？一起在现实生活中运用自然界的万物，在陌生地方寻找姻缘的秘诀吧。

*因爱疲惫的你，解放吧！

特定的颜色和物品包含有爱的涵义，比如说白色、粉红色、红色、绿色等。现实的爱情并不是美妙的声音、清香的味道，但也不是将舌尖麻痹的浓烈味道。

爱情是一种感觉。就如碰到伤感，战栗的事一样，具有直观性。而风水室内装修则加重这种感性上的直观力。但是要注意一点：当爱情走进时，要预防随之而来带有强烈感情的物品。最基本的做法就是再三检查房间里的环境和物品。如果阳气过重，则要补充阴气；如果阴气过重，则要补充阳气。

阳气代表男性，锐利，刚韧。属于红色、黄色、橙色等暖色调，物品的形态坚硬，突出。如果房间过亮，则该补充阴气。

阴气代表女性。如果房间设计柔和、完满、则表示阴气过重。如果房间里绿色、青色、白色加强绿光的紫朱色等寒色过多，则表示阴气过重，装饰物深陷房间也是一样。或者房间偏暗、使用间接照明，这也需要补充阳气。

如果阴阳协调，那么从现在开始，在心中的画布上绘制爱的风水设计吧。

*能使在陌生地方走运的色调

牧羊座：	白色、浅绿色、红色、米黄色
天秤座：	白色、黄色、米黄色、线条纹
金牛座：	白色、绿色、红色、橙色
天蝎座：	白色、黄色、浅绿色、粉红色
双子座：	白色、青色、红色、米黄色
射手座：	白色、红色、绿色、灰色、黑色
巨蟹座：	白色、绿色、黄色、灰色、黑色
摩羯座：	白色、黄色、粉红色、褐色
狮子座：	白色、绿色、黄色、灰色、黑色
水瓶座：	白色、黄色、红色、黄褐色、方格
处女座：	白色、红色、黄色、粉红色
双鱼座：	白色、红色、紫朱色、青色

*能使爱情降临的物品

干净的内衣：爱情通过隐秘处的结合才成熟、完美。就凭你保持最珍贵地方的清洁这份心，就已经留给对方干净的印象。

浴缸：浴缸里升腾的水蒸气象征爱情的热情和力度，而且皮肤滋润的感觉也象征着爱情的意义。同时要注意浴室要时刻保持清洁。

清香的野花：如果在幽静的路边看到不知名的小花绽放，谁都会有一种特别的感觉，特别是在预料不到的地方看到，这种感觉会更加强烈。而将野花带回家，或是旅游时将野花插在小杯子里，这样第二天就能遇到艳遇。

香草蜡烛：燃烧自己照亮别人的蜡烛在风水里被看作是为了他人牺牲自己的物体。如果在房间里点支香草蜡烛，让整个房间都充满香气，会让人找到安静的感觉。而在卧室里放置几根香草蜡烛，会使经历几次感情失败的心灵再次燃烧，迎接即将走进的爱情。

镜子：镜子在风水里被认为是有灵性的物体。如果利用得当，便能得到肯定的力量。即使是在睡觉时，你精心收藏的镜子也能将你的另一半吸引过来。不过镜子最好是选择圆形或八角形的。

*削弱爱情气运的物品

不干净的状态：爱神非常地敏感。因此看到错过日子的礼物，倒地滚动的雕刻，弄脏了的枕巾，因脱线而能看到里面的玩具娃娃等不干净的东西，爱神会绕道而行。

落单的物品：爱情是和生活结合在一起的事情。如果成双的物品丢失了一只，那还不如都扔掉。而且要将床头边的个人照放到别处，特别是和已经分手的另一半的合影，更应该处理掉。而枕头则使用两个较吉利。

冷色调：黑色或白色的画，悲伤或是拍雪或月亮的相片都会削弱对爱情的热情。黏合织物也要避免冷色调的产品，不过阳气过重的卧室，则为了调和阴阳，使用冷色调的产品作为点缀也无妨。

晦气的意象：很多人喜欢以孤独的老人作为摄影的素材，但这在风水上是非常不吉利的。另外，断腿的桌子，以凄凉的夕阳为素材的画等让人联想到不幸的画或相片，对呼唤爱情是绝对没有任何帮助的。

尖锐的意象：仙人掌即使开花或不带刺，也改变不了它本身不吉利的特点，而且是散发异味的物品。特别是因管理不力，散发臭味的古董等也不吉利。银制佩刀，箭等武器也有驱赶爱情运势的效果。

tip 寻求爱情的你，出发吧！

打猎者能扛枪去山上打老虎，渔夫能带网去大海里捕鱼。但是让打猎者去大海里捕鱼或是让渔夫去山上打虎是很难实现个人愿望的。与此相同，每个人都有适合个人实现愿望的地方。

牧羊座　● 济州岛、江华岛、安眠岛、巨济岛等大岛上环境幽雅的自助餐厅

金牛座　● 东边海滩，野外迪厅

双子座　● 海岸岛休息所，或是兜风道上的休息站

巨蟹座　● 孤岛或是山谷里的山庄，古树下的长椅

狮子座　● 酒店或是游乐场里的游泳池，剧院、公演场地或是公共演播场所

处女座　● 企业里有修养院的海水浴场，研讨会和聚会的地方

天秤座　● 南边的山谷，位于山脚的公寓，野外酒吧

天蝎座　● 东南方向有小木屋的修养林，联谊场所

射手座　● 位于南边山脚的公寓，黄昏时的野外咖啡屋

摩羯座　● 西边或北方，公寓的夜总会，华丽的地方

水瓶座　● 西南方向海边的沙滩，有松林的海水浴场

双鱼座　● 像海云台和镜浦台等大规模的海水浴场，有气氛的咖啡屋

为了漂亮和苗条而设计的室内风水装修

评价为漂亮女性的条件一般有细滑的皮肤,苗条的身材,简练的时装,优雅的举止等。因此很多女性为了得到漂亮的称号费尽心思,即使是动用整形手术措施也在所不惜。有的为了拥有一副苗条的身材,长期服用药物,试尽了所有办法,但是大部分都没有明显的成效,更多的反而是倍受副作用的煎熬。

让世人都认同的真正美丽,是拥有健康的体魄、宽广的心胸和健全的性格。而拥有这些气运,必须是从长时间居住环境的变化中开始。

即使花费大量的金钱,或是通过打扮获得了成功,但是却还是无法获得本色美,因为那只不过是短暂的美丽。因此,从现在开始,我们一起运用方位和色调进行有效的减肥吧。

减肥最好的房屋布局是客厅坐北朝南(利于吸收阳光),而且南面安装大窗,门设置在东边。同时在南面窗边放置体重计和全身镜,而窗边的地上则放置成对的竖立台灯。如果在客厅西面的角落放置转角家具,用白色的花作装饰,效果会更好。

*一起再次检查卧室装修

减肥迫在眉睫,首先要检查的就是卧室。因为正确的睡觉方向和位置会让你在睡觉的同时也能减肥。当然对皮肤美容业很有帮助,因此,赶快付诸于实践吧。

如果认为自己肥胖,那么睡觉时应朝正北方向。化妆台和桌子等也最好朝北放置。如果实施困难,则朝东放置也勉强可以。

卧室内部最好略为昏暗。如果卧室过亮,则不能熟睡,会很容易产生压力,对健康极其不利。若有通宵开灯和TV的习惯,要立即改正。因为这不仅会危害健康,也会削弱卧室里的气运,毕竟卧室是用来休息的场所。

另外,如果减肥过程中经常出现神经紧绷的状况,则要用冷色调的装修使心灵恢复平静。窗帘和床套等卧室黏合织物要选择青色、绿色、灰色系列。特别是做一些听音乐等娱乐消遣时,要选择在北边或东边的角落。运动器材和运动服要放在离床很近,随手可以拿到的地方。

*对减肥有效的浴室方位和色调

位于东方的浴室:东边明亮而且健康的气运能驱除浴室里潮湿的晦气。但是自由奔放的运势过强,因此需要适当的控制。另外,减肥成功还需要严格的自我管理,而且装修最好选华丽的色调,因而窗帘、百叶窗、浴巾、垫子等选蓝色、蓝紫色、白色系列最佳。

位于东南方的浴室：东南方向的运势有一个缺点，就是会因周围的评价焦心。即使是小事也喜欢凑热闹，心灵极易受伤，因此要特别注意保持浴室通风，排风扇如果沾了灰尘，会听到埋怨或陷入口角。另外，装修要选明亮的浅色为好，或是冷色系列的深颜色也无妨。最后，最好使用大镜子。

位于南方的浴室：南面是阴阳的交叉点，极有可能会毫无缘由地陷入孤独和伤感中，从而导致精神衰弱。特别是如果盥洗台一直处于肮脏的状态，会因为很多事情而深陷困难。由于南面象征火，如果使用了浴缸，务必要将水排放干净。装修则选择白色、绿色、米黄色、蓝紫色、蓝色等冷色系列较吉利，而窗户则使用能换气的小窗户就行了。

位于西南方的浴室：很容易由于精神上的问题引起麻烦，如果装修色调昏暗或没有阳光照射，这种倾向更强。而且要注意通风，浴缸里的水要排放干净，不能过夜。而装修时选柔和的色调最佳。如果窗户过小，则在窗上粘贴绿色的窗纸，如果窗户很大，则安装白色、绿色、黄色的百叶窗。

位于西面方的浴室：西面有很强的容易产生放弃念头的气运，是减肥的不利场所。如果刚好有一扇窗户面对夕阳强烈的光线入侵，这种倾向更强，因此要用米黄色、褐色系列的百叶窗立即将夕阳阻止。装修则营造粉红色氛围比较好。而毛巾、垫子、浴巾、镜子等小物品则选艳丽华美花纹的最佳。

位于西北方的浴室：西北方向是隐秘性很强的方位，因此有积极站出来做决定的同时又有退缩的倾向。为了解决这个问题，浴室内部要强调制造有树的感觉，因此最好选择绿色和米黄色以营造大自然的气氛。而小物品选米黄色、褐色、绿色或白色最佳。

位于北方的浴室：北面由于寒气过重，因此沐浴后一定要将浴缸里的水排放干净。如果浴室内有足够的空间，则最好安装浴缸，色调为白色或象牙色最佳。小物品以暖色调为主，深绿色或黄色较吉利。浴室装修应该积极使用暖色调系列。另外，由于北面通风效果差，应该多注意通风顺畅。

位于东北方的浴室：东北方向是有可能出现精力分散的方位。而且随之由于自信心的缺失引起错误的判断，会出现狼狈不堪的状况。因此，为了遏制凶气，内部装修要十分整洁。由于各种颜色一起使用会引起气运混乱，因此要绝对禁止。内装材、小物品，毛巾等统一为白色，部分作为点缀采用其他颜色也无妨。

tip 用色彩治疗疾病

减肥的同时副作用也会随之而来。如果由于不规律的饮食习惯引起腹痛，则穿上红色衣服会对腹痛的治疗有明显的效果。如果出现恶心的症状，则要马上接触绿色。与此相同，利用风水五行的颜色能够对治疗疾病有很大帮助。

症状	颜色
腹痛	★黄色、红色
头痛	★草绿色、粉红色
肥胖	★白色
感冒	★黄色、米黄色
高血压	★黑色、白色、蓝色、草绿色
心脏病	★土黄色、黑色、白色、绝对不能用红色
忧郁	★浅绿色、淡紫色
神经痛	★桔黄色、草绿色
失眠	★白色、黑色、桔黄色、草绿色
神经过敏	★白色、黄色、草绿色
消化不良	★土黄色、白色、浅绿色、黄色
睡觉时痉挛	★白色、草绿色

提升搬家运的风水咨询

谁都渴望拥有一座风水宝地之家，而且能遇到好姻缘。如果进屋时拥有好心情，而且能使心情平静，则这座房子就属于风水好的房子。当然，也不能忽视周围环境。要注意观察大单元的公寓是否坐落于死胡同里，前方是否有建筑物阻挡，周围是否凌乱不堪。

典故孟母三迁之教讲述的是孟母为了儿子三次搬迁的故事，从这可以看出周围环境的重要性。根据房屋居住调查显示：我们国家的人在准备自己房屋之前有超过一半的人搬迁过五次。而从幸福指数问卷可以看出人们感到幸福的首要条件是家周围拥有良好的环境。

家和环境能改变我们生活质量，非常重要，因此，为了提高生活质量不能随意搬迁家。这是由于搬迁后的家虽然不合心意，但是既不能退房，费用方面也是一个负担，而且搬家还要牵涉到职场，学校这些不止一两件的麻烦事。

搜寻记忆，回想一下谁家拥有幸福，谁家疾病缠身，家人间争吵不断，各种不幸都夹杂在一起。另外，有的家庭家人都幸福却选择搬迁，而有的家庭则由于事情繁杂立马离开。他们无疑都是为了寻找一个理想的好环境。

为了在搬迁时寻找到周围环境好而

且天地万物的气运都畅通无阻的地方，使生活朝着更美好的道路前进，一起接受风水咨询吧。

*和周围环境协调的房子最好

一群人聚集在一起，一定有人显得特别的突兀。这些人或许是衣着特别，或许是言行夸张，但都会让人觉得相处困难而最终被抛弃。

住房也是一样，建造在一望无垠的平原上、或是在只有自己突兀矗立的高地形上等都是不妥的。在这样的家里生活，家庭不和睦、财源外流、家里的忧患不断、风波日益严重。因此，风水好的家的首要条件是与周围的环境协调。当然，公寓也不例外。

围绕在家周围的路也能左右住房的好运，好的道路应该是和住房的前面平行，而不好的道路应从水和风的关系察看。

路是人和车通行的地方，也是风流通的地方。因此，坐落在死胡同里的房子最不吉利，而房子前面的道路弯弯曲曲、门口前各条道路交集在一起也是不吉利的。另外，房子周围三面都围绕着路也相当凶险。

*找房子也要看时间

很多人在中午到下午的时间里找房子，但是下午大气中各种复杂的气运流通，很难把握要入住的家里的活力是否已经流走，但如果选择傍晚或晚上看房是更加不明智的做法。

从风水上看，风水好的房子最基本的条件是在东面和东南面有窗，早上阳光活力四射的气运能够入射进来，要避免不能确定下午和傍晚是否有阳光入射的房子。如果条件不允许，则要确认傍晚时的交通问题和子女学校所处的位置。然后在早上9点到下午1点左右再次确认后再作决定。

早上进屋时阳光刚好照进来，气氛明亮温馨，则这就可以判断为风水好的房子。但是如果下午拜访时仍觉得明亮，则这房子极有可能是坐落在西面或是在西面有扇大窗。由于坐落在西面的房子日落的阳光大量入射，房子里阴气过重，打乱了阴阳调和，家里会充满污浊的气运。

*搬家要选择黄道吉日

搬家、整修家、或是要远行，经常会选择黄道吉日。黄道吉日是指阴历9号、10号、19号、20号、29号、30号都宜搬家和整修家。

有一部分人会认为这是迷信，但是经过祖先长年积累的经验统计出的黄道吉日是天地万物之气最柔和的日子，因此没有必要特意无视。

*三杀方向、大将军方向是什么意思

三杀是指出事故的劫杀、招惹灾难的灾杀、遭受不可抗拒的天灾等三大凶神。

三杀方向是指三杀会在东西南北各个方向停留一年，起破坏作用。因此，在搬家时为了不和新的环境犯冲，适应新环境，而要避免三杀方向。

大将军方向和三杀方向差不多，但是效用稍微弱些。和三杀方向不同，大将军在一个地方能停留三年左右的时间。

要特别注意这两个凶神在同一个方向的时候。2007丁亥年时三杀和大将军在西面，2010庚寅年时三杀和大将军在北面，2013癸巳年时三杀和大将军在东面，因此要特别留意。

tip 搬家要选择黄道吉日

	男		20	21	22	23	24	25	26	27	28
			29	30	31	32	33	34	35	36	37
	男		38	39	40	41	42	43	44	45	46
			47	48	49	50	51	52	53	54	55
好的方向	天禄	男	西南	北	南	东北	西	西北	中间	东南	东
		女	东	西南	北	南	东北	西	西北	中间	东南
	食神	男	东南	东	西南	北	南	东北	西	西北	中间
		女	中间	东南	东	西南	北	南	东北	西	西北
	合食	男	西	西北	中间	东南	东	西南	北	南	东北
		女	东北	东北	西北	中间	东南	东	西南	北	南
	官印	男	南	东北	西	西北	中间	东南	东	西南	北
		女	北	南	东北	西	西北	中间	东南	东	西南
不好的方向	眼损	男	东	西南	北	南	东北	西	西北	中间	东南
		女	东南	东	西南	北	南	东北	西	西北	中间
	微破	男	中间	东南	东	西南	北	南	东北	西	西北
		女	西北	西北	东北	东	西南	北	南	东北	西
	五鬼	男	西北	中间	东南	东	西南	北	南	东北	西
		女	西	西	中间	东南	东	西南	北	南	东北
	进鬼	男	东北	西	西北	中间	东南	东	西南	北	南
		女	南	东北	西	西北	中间	东南	东	西南	北
	退食	男	北	南	东北	西	西北	中间	东	东	西南
		女	西南	北	南	东北	西	西北	中间	东	东

天禄方 ★搬迁到合心意的地方，能升迁、涨工资

食神方 ★可以开创新事业，现从事的事业也很旺

合食方 ★可以合伙做事，人际关系变佳

官印方 ★考试有好运，财物增加

眼损方 ★由于缺乏判断力或手气的原因，财产减少

会破方 ★没有旁人的帮助，事业停滞不前

五鬼方 ★因交通事故和疾病痛苦，经历很多困难险阻

进鬼方 ★国家考试和资格考试不利，遭受更多他人口舌

退食方 ★与疾病作斗争的人病情恶化，或是丢失财产

能使心灵安静的风水装修

现代人都会受大大小小的压力所折磨。压力是心灵上的一种疾病，如果自身不适应复杂多变的环境时更容易产生。而风水装修的目标则是通过调节周围的阴阳，让身体尽量接近自然状态，使人能够健康平安地生活。

不知什么原因，心灵不安静的人即使穿上高档的时装，用名贵的化妆品，看起来还是很别扭。但是心灵安静的人即使没有特意打扮却一直健康明朗。因为自然的健康美是任何化妆品都无法比拟的。

疾病是身体内部阴阳倾斜，出现不协调的征兆。即当身体气运出现不平衡时，身体就开始感觉到痛苦。这就和植物不能合理接收阳光照射和正常状况下结果是不一样相同。

当自身无法适应周围环境时，身体阴阳出现不调，人体的平衡也随之倾斜。因此，只有减压，调节人体平衡，才能享受健康的人生。那么，我们一起为了健康的人生，寻找风水装修的秘诀吧。

*祛除万病根源——压力

现代人的疾病大部分是由不合理的生活习惯引起的。即使是症状轻微的疾病，随着时间的推移，也会发展为重病。与其让痛症发作，还不如在平时生活中坚持正确的生活习惯以维持健康。

健康是身体的本钱。如果身体不健康，就不能拥有良好的精神状态，也就不能享受真正的幸福。不过，要拥有健康的身体就必须找到适合自己的环境。

风水装修的目标不仅是要增加物质财物，而且要让心灵变得富有。如果心灵富有，则生活就充满活力与弹性。同时，以积极地思考方式和行动改变周围环境，过上比现在更幸福更有意义的生活。

一般来说，压力群体主要是深受业务煎熬的30~40岁上班族。但是现在小学生、家庭主妇、成年人等男女老少都深受压力折磨。因此，可以毫不夸张地说现代人的成功取决于能否克服压力。而治疗压力的最好办法就是减压，如果不能减压，压力就会转化为万病之源。

压力早期通过良好的睡眠，和适当的饮食习惯就能消除。因此，共同再次检查卧室、浴室和厨房的装修，驱除万病之源-压力吧。

*通过正确的卧室方位解决问题

与其在卧室的墙壁上做各样装修，还不如留白更好。不必要的像框和画等应移到别处，黏合织物也选择单调隐约

的色调最佳。要禁止使用末端尖锐的物品和装饰物。如果卧室里设有卫生间，那睡觉时头不要朝向卫生间。

床要选择舒服的大床，而且要与门成对角线，而且床边要放置桌子。头朝西睡能有高质量的睡眠。

坐落在东面的卧室：黏合织物最好选青色和灰色系列，如果希望有点变化，则用红色或深蓝色的装饰品作为点缀。但由于会造成零乱，不宜放置几个物品，而仅用一两个作为装饰即可。头朝西睡较好，如果不满意，朝东睡也无妨。由于坐落在东面的卧室早上阳光强烈，所以要用厚实的窗帘遮挡，以不扰乱清晨的好梦。

坐落在南面的卧室：由于卧室朝南，太阳的气运十分强烈，心情很容易浮躁不安。因此在窗边两头放置植物盆景，则能压制强烈的阳气。窗帘、床套、被褥等最好选浅绿色或绿色。最好不要摆放家用电器，如果一定要安装，则放在东面较吉利。另外，床具最好摆放在北面，而且头朝北睡。

坐落在西面的卧室：由于卧室朝西，为了避免傍晚时夕阳入侵，要用厚实的窗帘遮住。室内总体色调要选褐色或米黄色，而且床的垫褥要选用松软的产品。这样能够祛除朝西的不好气运。哪怕是短暂地交流，夫妇最好能同时睡觉，这样也能使心情平静。

坐落在北面的卧室：北面的最大特点就是会担忧失眠。如果室内装修不合适，会出现很严重的后果。由于使用暖色调吉利，因此窗帘、床套等最好选用粉红色、桔色等系列，而家具则选用米黄色，褐色等最佳。床具最好放在西边，而且头朝西睡。千万要注意一点：铁制床具阳气过重，应禁止使用。

*将浴室收拾得干净利落是基本任务

由于浴室是使用水的场所，因此对居住者的气运有很大影响。浴室是一天的出发点，与压力和疾病有着直接关联。为了拥有美好的生活，身心都必须健康。因此浴室风水装修显得尤其重要。

浴室里没有浴缸，压力将很难消除。因为一天一次以上让身体泡在浴缸里能够使全身轻松爽朗。为了让浴缸里的水看起来更干净清澈，浴缸最好选白色或象牙色等亮色调系列。沐浴后要排放浴缸里的水，而且要保持浴缸的干净卫生。因为浴室湿气重，只要稍微的疏忽大意就会长霉菌，因此要经常清理，而且要

清扫窗框的灰尘。另外，要保证排风扇的清洁。

如果身体不好，最好使用红色、黄色、粉红色等阳气旺盛的毛巾。如果身体状况极好，则使用青色等冷色调的毛巾使心情恢复平静。

为了让浴室有更好的减压效果，要经常清洗浴巾，让它保持像新的一样，而且浴巾选白色较吉利，浴衣也最好选白色。如果房子湿气过重，减压效果会不显著，因此沐浴之后要把水排放干净。

*通过舒服愉悦的用餐解压

为了让家里充满好气运，要经常清扫厨房，而且要正确地摆放物品。由于厨房是做饭菜的地方，因而充满好运的厨房能带给家人好运气。另外，食物是人生存的根本能源，因此要用幸福的心做菜，用感恩的心吃饭，这样才能找到健康和好气运。

摆放饭桌时，不管空间宽窄，都要与墙保留一点空隙，保证气流通畅。饭桌上方的照明灯，要选择能营造朦胧气氛的高级产品。如果条件允许，最好选择明亮的灯具，不过，如果有好气流流经桌子，即使有点暗淡也无妨。

饭桌最好选四边形或长方形。最近很流行圆形饭桌，这实际上是不吉利的。特别是在狭窄的空间里吃寒酸的饭菜时更会加大压力。如果饭桌出现磨损或掉漆，要马上修补。

如果担心弄脏而使用塑料、布等将饭桌盖住，这是非常不吉利的。使用玻

厨房是直接关系到健康的地方，因此，饭桌最好使用四边形或长方形，而且不要使用塑料布遮盖。

璃桌用以布为材料的织物盖住也是很不吉利的，这会切断阴气的流通。桌上最好摆放花和水果，花则选白色或符合季节的浅颜色。而水果要用木笼装三种水果以上。

照明选间接照明较吉利，特别要留意一点：瓦特数低的电灯或没有冒的电灯会堆积更多压力，因此要避免使用。另外，桌边最好摆放绿色植物。而椅子最好选坐着舒服的柳木圈椅，如果选高档的款式，对缓解压力会有很大帮助。

提升人际运的风水
室内装修秘诀

每个人评价自己的方法各有不同。大部分的人都理所当然地认为那些本身都存在自相矛盾的歪曲和偏见是事实。很多人对身体的健康都非常关心，但是对给心理造成影响的因素和对周围的事物却不关心，甚至忽视。特别是人与人之间的交往是根据细致敏感的气运而决定其好坏的。

要想在职场上取得成功，首先就是要获得同事、上下属、还有客户的好感。初次见面就已经在一定程度上决定了留给对方的印象，有可能在不知不觉中就能吸引住对方，但也有可能让人产生排斥感。虽然理由有千百种，但是最重要的原因就是在这人身上所拥有的气运。气运明朗干净的人会拥有开朗的性格，能留给他人好印象。那么，这种气运是从哪里而且是怎么得来的呢？答案就是自己的居住地。

性格开朗的人拥有很高幸运指数，因此常常持有积极、有希望的想法，不会引起他人的不安和不爽。但是并不是都能以开朗明快的态度生活，特别是如果自己居住的环境不方便，会使人对每事都抱怨，产生烦躁情绪。因此，营造度过生活中大部分时间的居住环境良好的气运显得尤为重要。

那么，一起运用风水装修，将自己生活的空间营造成风水宝地吧。

*想提升交际运，就要仔细检查门廊和卧室

人际关系中得不到好评的人大致分为两种类型。即自认为有很大权力而左右局面和把所有的错误都归咎于对方这两种人。这些人都拒绝他人帮助，希望自己解决问题，所以他们只能独自生活。

正确的人生是我帮你，你帮我的漫长旅行。因此，从现在开始一起用另一个角度重新思考自己的处境吧。

为了提升交际运，家中最需要花心思的地方就门廊，务必要将门廊建造成屋里最明亮的地方。接着要检查在门廊里安装的镜子，最近分配的公寓大部分都安装有固定的大镜子，但由于大镜子会夺走人的气运，因此要摆放花盆或画遮挡镜子的一半。

其次就是卧室，卧室是人在生活空间里度过时间最长的，因此会给居住着的气运造成很大影响。很多家庭会让丈夫睡角落，这是非常不正确的。因为房间的中心聚集活力，因此睡觉时靠近中央能接收好运，提升交际运。而且要在床头两边摆放床头柜，最好在抽屉里放

钱包、文件、汽车钥匙和办公室钥匙等。

如果过于劳累，与他人见面时的一副疲惫不堪样子会给他人留下不好的印象。这时要在卧室门口悬挂发出清脆声音有漂亮模样的钟或风铃，唤起生气，提升气运。

提高人际关系的方法很简单，就是保证厨房里的刀不生锈，刀刃竖立放置，并时刻保证光滑锃亮。另外，水槽和煤气灶要保证干净，这样才能给初次见面的人留下好印象，维持良好的人际关系。

*不同的门的方向，不同的卧室装修

卧室是让人成为最有魅力的场所。由于卧室是人际关系的象征，因此最好坐落在东南方向，而且卧室内应略微阴暗。另外，根据门设置的方位不同，卧室风水装修的重点也不同，一起看一下吧。

坐落在东面的门： 室内的总体色调最好选蓝色系列的花条纹。另外，睡觉时头朝西能拥有良好的睡眠。南面或西面的墙上最好挂置有欧洲风格的风景画，而且最好能经常听轻音乐。

坐落在南面的门： 绿色植物和绿色系列的色调是装修的关键。照明不宜过亮，最好选间接照明。床具最好放在房间中央，并且头朝北睡。

坐落在西面的门： TV、音响、电话、传真等最好放在东面。如果要挂置画，则选日出画挂置在东面最佳。家具最好选原木棕色系列的，并且头朝北睡。

坐落在北面的门： 室内的色调最好选粉红色系列的花条纹。小物品则最好选用玻璃产品，即使使用玻璃桌也无妨。另外，朝东位置最好摆放粉红色花的盆景，睡觉时头朝西。

提高结婚指数的风水装修技术

人不可能独自生存，看似强悍的外表下实则十分脆弱。即使讨厌自己所属的社会，渴望与世无争的生活，但一旦离开社会，还是无法生存。既然如此，如果多碰到给自己帮助而不是带来伤害的人，人生岂不是能更幸福？这在风水里就叫做"相生相克"。

每个人都有自己的烦恼、痛苦。更何况像爱情这样无法诉说但停留在心的痛楚感情。

虽然过去了很久，可爱情的伤口还没有愈合，因而很多人心里都认为与其再次陷入这样的痛苦，还不如一个人过一辈子。其实这就像不相信别人就是不相信自己一样，是非常不正确的想法。

人生道路一直在前进，如果是因为爱情而受伤，那么也只有爱情才能治愈伤口。如果说因独自决定选择的爱情最终失败，饱受痛苦，那么也有通过他人的建议开始新一段感情，获得幸福的好姻缘。因此，为了最终的幸福，改变悲观的认识吧，因为这在风水上是很符合自然的阴阳法则的。

*提升房屋里气运的关键

如果气流经的地方有重物阻挡，则要将之移到别处。这就和人的脑部和胸口等重要部位有重物压着的道理一样。另外，房子里的角落和柱子也是很容易聚集不好之气，因此不要堆放杂物，这会打破家人和睦相处的状况。而且要在角落和柱子周围摆放苍翠的盆景，这样当厄运和凶气通过花盆时会被阻挡。

墙壁最好借助空白之美。另外，将不必要的物品整理干净，让室内的空间尽可能增大，这样凶气才无法驻足。同时，一天至少一次开窗透气，只有这样阴湿黑暗的厄运才会被外面新鲜的气运推出去。而且要经常清扫玻璃窗上的灰尘，时刻保持明亮透明。

空房是凶气最喜欢驻足的地方，因此最好不要留置空房。另外，不用的物品也会盘踞凶气，因此要经常清扫并在白天时将房门打开，让空气流通，使凶气无法驻足。如果不可避免要长时间留置空房间，则在房间里放音乐，或摆放闹钟、布谷钟等，使好的气运流通。

好的气运喜欢明亮且具有生动感的物品，因此如果恰当地利用照明工具，能阻止凶气在房屋里驻足。如果以节约用电的理由而放任坏了的电灯不管是非常不吉利的，即使不用也应该换置新的灯具。另外，零件坏了或丢失的灯具应修好继续使用。同时，阴暗湿冷的地方应安装照明灯具,使凶气无法驻足。

衣柜、鞋柜和门如果出现吱嘎的响声,则要进行修理。另外,搬家途中撕毁或损坏的壁纸也要粘贴好。如果在门口挂置风铃或钟,偶尔碰一下让它发出清脆的声音是非常吉利的。

*如果想提升结婚运,则要仔细检查卧室和厨房

卧室最好用木色或原木色装修。床具最好放置在门的对角线,如果条件允许,尽可能开门时不要看见床。床具使用木质产品最佳,而且头朝东睡。床套选花纹图案最吉利,而窗帘则选择花条纹最佳。化妆台放置北面,周围最好摆放绿色植物。而书柜和随身携带品则摆放在北面最好。

桌上最好摆放木质边框的与朋友的合影。在东南面则放置绿色植物盆景或红色花盆。另外,一天至少一次开窗通风换气。如果东面或南面没有安装窗,则放置电话和电脑等可以与外界联系的物品。同时,在西南方向摆放几个漂亮的花瓶或挂置有宗教色彩的物品。

如果厨房设置早上能接受阳光照射的窗,则能带来好运。另外,为了使厨房保持清新空气,没有异味,一定要安装排风扇。同时要经常清扫水槽,不能堆积垃圾。即使是垃圾桶也不能堆积垃圾,应经常处理。

要经常清扫煤气盖,不要留有污垢,地板也不能粘有油渍。装修要选明亮的暖色调。同时要注意水槽上不要放置尖锐的物品,即菜刀、水果刀、叉子、剪刀等。厨房里放置钟或贴上时间表较吉利,这会使人有时间概念,同时也会产生适当的紧张感。另外,窗户周围放置绿色植物或挂置平和景象的画也能提升结婚指数。

大发横财的风水室内装修技巧

我们生活在到处都可能大发横财的时代。奖品、竞马、赛车、成人娱乐室、赌场、数十亿金额面值的彩券等等，可以毫不羞愧的说已经成为赌博共和国了。

如果想吃柿子，那么就要经过一番辛苦上树采摘，而不是守株待兔坐在树下等柿子掉下来。同样的道理，如果想大发横财，则必须通过一番努力。即使是头一天晚上每个人都做了猪梦，第二天什么事都先搁置一边，直奔彩券贩卖点，也不会那么容易中奖。

因此，为了获得幸运之星的降临，我们一起为提升平时生活场所的气运而努力吧。

*注意卧室装修可增强财运

如果条件允许，卧室尽可能宽敞。因为卧室的睡觉的地方，即使是极其细微的刺激也会有很大影响，因此在家具和小物品上要多费心思。

如果东面有窗，则在周围放置TV、音响，电脑等。如果没有窗，则放置红色圆形的灯座。另外，如果摆放花或挂置画，则会提升支配东面的力量，而且随着创造的气运的提升对与财物有关的直觉也会加强。

如果在南面有窗，同时还设有阳台，是非常吉利的。另外，为了更好地休息和培养情调，最好在阳台放置白色的桌椅。而在窗边如果摆放成对的绿色植物，能提升对财物敏锐的直觉。

不过如果周围有鱼缸和凋谢的花，则要立即将之转移到别处，因为有水分的物品会降低财物运。另外，墙壁最好选择米黄色系列，如果用桔色成条形装修点缀，则更能加强胜算。

床具最好选木质并高度低的产品，而且型号要选最大的。放置中央，头朝西、西北或北睡。卧室里的黏合织物选粉红色或天蓝色最佳，而窗帘也最好选同一颜色。

照明灯具最好安装在房间的中央，使用间接照明，而且要在西面、西北、东北安装辅助灯。彩券等悬赏品最好放在西北方向，而且如果用高度低的首饰盒装置将会收获意想不到的好效果。

最近为了宣传和做活动使用，银行和卡片公司发行幸运券，而百货商场和企业则以商品为奖品发行奖券、彩票和商品券等等。如果想中奖，则将这些商品券等放入黄色布做的口袋里，并将之放置坐落在卧室西北方向的化妆台左侧的抽屉里保管。

卧室的西面要用能招财的黄色小饰品装饰，并一直到彩券开奖为止。另外，申请杂志社、新闻社的商品抽奖明信片时，要在房间的中央边朝南看边写信，时间为早上的11点半到下午1点半最佳。

*单间房的室内装修

住宅的门廊、客厅、卧室、厨房、卫生间等都分别开，因此空间概念明确。但是单间房有所不同，有着不能像住宅一样一一区别开的复杂性。在一个房间里做很多事情，比如说睡觉、挂衣服、看书、听音乐、接待客人、吃饭或吃零食等。因此，房间里充满了复杂而又多样之气，如果装修时想要每样气运都充分利用，是有一定的困难的。

根据单间房里床、桌子、椅子、TV、音响、衣柜等摆放的位置不同气运也大不一样，因此要特别注意家具的摆放位置。总体来说，装修要大气，而且摆放家具时要注意家具的门不能相互碰撞。

床要摆放在开门时看不见枕头的地方。如果条件不允许，则用绿色植物将之隔离。床上的黏合织物最好选粉红色或黄色等华丽的暖色调系列。而如果选择摆放花作装饰，则选择花开得正好的最佳。另外，如果在床头边挂置绘制石榴或大海的画能得到意想不到的横财。

厨房的水槽周围最好放置两三个插有黄颜色花的透明花瓶，而小物品则选红色较吉利。由于厨房是经常用水的场所，所以与财物有密切的关系，因此要注意经常清洁，保持干净卫生。如果厨房杂乱不堪，财运也会避而走之。因此要经常清扫厨房，包括极易弄脏的水槽周围也要注意打扫，时刻保持干净。

不管卫生间坐落在哪都会散发凶气，所以为了提升气运，要经常打扫，保持干净，另外要注意照明一定要保持明亮。如果没有窗，则一定要安装排风扇，沐浴后要打开排风扇排除水气。沐浴垫和毛巾等也要接受阳光照射，保持干燥，但禁止直到使用时还晾着。

使用浅黄色和金色的小物品能够提升财运。另外，为了阻止卫生间里的异味散发到房间，要养成使用卫生间后随手关门的习惯。

增强财运的室内风水装修

Consulting

1. 为了更好地休息和培养情调，最好在阳台放置白色的桌椅。
2. 摆放成对的绿色植物，能提升对财物敏锐的直觉。
3. 窗帘选粉红色或天蓝色最佳。
4. 床头两边务必要摆放床头灯。
5. 床具最好选木质并高度低的产品，而且型号要选最大的。
6. 如果铺地毯，则选绿色的最佳。
7. 摆放用布做的沙发。
8. 摆放能获取信息的杂志等书籍。
9. 桌子以木质的吉利。
10. 绘制雄伟壮丽的太阳的画能提升对财物的直觉。
11. 如果东面有窗，则在周围放置TV、音响、电脑等。
12. 摆放红色的花。
13. 摆放色彩鲜明的化妆台。
14. 如果东面没有窗，则摆放红色的圆形灯座。
15. 壁纸最好选米黄色系列。

提升中奖运和考试运的风水室内装修

如果想在同样的条件下的人群中脱颖而出，抓住幸运，那么就要付出与之相应的努力。而打开幸运之门的钥匙就在自己的生活环境里。如果提升了生活环境的气运，那么中奖运和考试运也会大有提高。

为了提升中奖运和考试运，需要根据各个不同的特性均衡地接受与其相应的各种气运。首先占不少比例的行市利差的商品和与之有关的彩票运一定要好。

另外，要取得双重气运，需要集合家人所有的力量，而且要灵活运用东面、西北、东北和西南的方位优势。

*提升中奖运和考试运的风水装修

东面拥有获得好消息的力量，是发展、年轻、创造、改革精神的象征，同时有在重要时刻能积极地制定计划之气。因此坐落在东面的房间让子女使用是最吉利的。

房间要保持干净清爽。桌子、家具等最好选明亮的颜色，而且要避免黑色、灰色等沉重暗淡的颜色。如果是给男孩子使用，室内的装修选天蓝色系列较好，如果是给女孩子使用，则选象牙色、粉红色系列的最吉利。

如果西面挂置镜子，则要马上将之转移到别处，因为这会将东面射进来的气运反射出去，非常不吉利。另外，为了更好的接收早上的阳光，窗户越大越好，而且最好不要使用厚布做的窗帘。电脑、音响、录像机等摆放在从卧室中心看朝东的位置。

西北拥有旺盛的招财运。另外，拥有使主人意识增强，投资时善于判断的气运，在胜负决算时有强硬的态度。因此，西北方向设计为全家都能使用的卧室最吉利。

西北方向的房间最好选用大气、感性和具有动感的装修。壁纸最好选米黄色系列，而且最好在天花板和墙壁的中

间使用带状壁纸做点缀。装饰柜和家具选米黄色和绿色系列的吉利,而且最好使用大而坚固的木质产品,绝对禁止使用金属产品。地板使用楼板会更有效果。另外,沙发最好选布制产品,而且要特别注意一点:由于华丽的颜色会驱逐来自西面的气运,因此要禁止使用。

窗帘要选白色、米黄色、绿色系列厚重大气的设计。另外,TV要选用大型号,而且最好同时和音响,电话一起使用,放置东面。

在客厅的西北方向摆放家长使用的物品,如果装修成简易的书房则更好,比如家长喜欢看的书、能顺手拿到的物品、亲手绘制的画和书法。

比起其他方位,西南提升固定资产的气运很强。如果经常打扫,保持清洁,会意想不到的得到贵人相助,实现愿望。但要格外注意一点:不要放置垃圾桶、枯萎了的花、掉漆的家具等旧且脏乱的物品。

西南方位的最大特点就是能增强妻子的影响力。因此,如果让主妇使用,在财务管理上会有独特的一面,而且也能提升中奖运。

装修的色调最好选黄色、象牙色、白色等。如果设置有窗,则要用厚实的窗帘切断阳光的侵入,如果摆放绿色植物,能获得好运。由于不是主妇专用,因此一天打扫一次以上也能提升好运。

东北方向是建筑物和人缘最好的方位。如果用于厨房、餐桌、小孩用房、阳台等,并保持干净卫生,能与西南方

向的气运相互调和,从而能通过彩票获得家人都渴望的公寓。但要特别注意一点:为了不让厄运侵入,因此要通过适当的室内装修来提升好运。

东北方向最需要注意的一点就是色调的协调。最好的办法就是统一选用大气安静的白色,小物品等也一样。注意保持干净,白色的物品很容易脏,因此要多费心思。

如果有窗和门,不要经常开关。

Point 提升中奖运的室内风水装修

Consulting

1. 挂置黄色的物品或活动雕刻，能提升财物运。
2. 摆放包含家人愿望的画或相片。
3. 摆放与财物有关的书、画和书法等也能收到显著效果。
4. 壁纸选米黄色最佳，而且最好用带状壁纸做点缀。
5. 桌子、装饰柜、家具等选木制产品吉利，要避免使用金属产品。
6. 地板使用楼板最佳。
7. TV越大越好。
8. 在最佳位置摆放绿色或红色的箱子，在抽屉里放置宝石，财物运能迅速提升。
9. 窗帘选白色、米黄色、绿色系列等厚重的颜色最佳。
10. 照明选择气势雄伟的最佳，而且摆放圆头模样的灯座吉利。

不同愿望的风水设计咨询

提升考试运的室内风水装修

Consulting

1. 桌子选木制产品最佳,而且颜色最好选褐色等安静色调。
2. TV、音响摆放在东面,而且平时聆听轻音乐吉利。
3. 地板选深棕色吉利。
4. 衣柜选木制产品最佳,而且选和书桌同种款式。
5. 如果是给女孩子使用,窗帘选米黄色、黄色和象牙色混合的颜色较好,如果是给男孩子使用,则选黄色、绿色竖条纹的最吉利。
6. 在窗边和床边摆放绿色植物。
7. 床套选灰色不错,但选暖色调系列的最佳。
8. 床朝东摆设,而且头朝东睡。
9. 挂置有宗教色彩的画吉利。

预防交通事故的风水咨询

曾在成人仪式上做过一项调查：，刚成年的男女最想要的是什么？高居榜首的是漂亮的汽车。汽车已经和我们的衣食住行成为生活中重要的一部分。

人的一生当中会经历许多旅行，特别是周五结束所有工作后，很多人会用周末的时间和家人外出旅行，因此在汽车上度过的时间更长。

汽车已经成为我们生活中不可缺少的交通工具，但便利的同时也带来许多弊端，特别是交通事故的频频发生远远超出了想象。因此，如何避开交通事故呢？关键就在于颜色。

根据统计显示：白色、米黄色等亮色调系列的汽车要比黑色、灰色等暗色调的汽车事故率要低。特别是在黑夜行使，由于白色等亮色调显眼，因而比暗色调的汽车事故率要低。但跟这些常识和表面的理由相比，事故发生率还要根据司机的爱车程度决定。换成合适的颜色，预防交通事故，你觉得怎么样？

*汽车的颜色要与司机的性格相符

一般来说，如果购买大型车辆，则比较倾向于选暗色调；而如果购买小型车辆，则选明亮色调。但这从司机安全角度来看是有些不妥之处，即没有考虑到不同颜色的效果会由于司机性格的不同而有所区别。

容易兴奋多血质的人要避免使用红色汽车，特别是使用刺激色调的内部装修的汽车更加危险。由于在阴阳五行中红色是激烈而且富有挑战性的火的象征，因此，性子急的人如果接触红色，会像着了火似的做出过激行为，如抢道、超速等，容易诱发事故。为了使他们内心平静下来，最好使用黑色或灰色等的内部装修，这样才能抑制超速行驶的冲动。

与此相反，对于急需直观力和挑战性的艺术家、冒险家来说，红色能有明显效果。另外，对于天生懒惰和松懈的人，红色的内部装修也是非常有效的。因为红色能调动司机的活力，使之在开车时有紧张感和警戒心，从而预防交通事故，安全行驶，平安生活。

*汽车的颜色要与司机的职业相符

如果是公司共用的车，为了增强责任感，以及更冷静的态度处理事务，应选白色、米黄色和象牙色等亮色调。而从事婚姻介绍所等职业的人则选富丽华贵的颜色。另外，需要忍耐力的职务则选浅蓝色、金黄色，咖啡色最吉利。

tip　　所属星座和汽车颜色

每个星座都有各自不同的独特性格。比如说双子座的人拥有快活、肯定的性格，因而会让很多人产生好感。虽然拥有卓越的社交能力，但由于直率、野心勃勃的性格，有时也会吃亏。因此最吉利的颜色是红色和粉红色。

射手座的人社交性强，喜欢撒娇，眼光敏捷。虽然是出色的警言家，但是对待自己的问题却很难下决定，经常在苦恼中度过。因此最吉利的颜色是黑色。

摩羯座的人看起来固执，节奏慢，但实际上是隐藏了活力四射的一面，经常保持从容的态度，不会轻易服从他人。因此，最适合摩羯座的颜色是黑色和绿色。

与此相同，如果选择和自己星座相符的颜色的汽车和室内风水装修，上天的气运会引导自己往好的方向发展，预防事故，实现幸福的生活。

12星座和汽车颜色、汽车内部装修的颜色

牧羊座	金牛座	双子座	巨蟹座	狮子座	处女座	天秤座	天蝎座	射手座	摩羯座	水瓶座	双鱼座
蓝色	粉红色	红色	咖啡色	红色	白色	白色	灰色	灰色	黑色	浅绿色	草绿色
粉红色	红色	黄色	粉红色	粉红色	粉红色	灰色	黑色	黑色	草绿色	草绿色	蓝色
淡紫色	淡紫色	白色	白色	咖啡色	草绿色	黑色	粉红色	草绿色	浅绿色	黑色	白色

*通过营造心理上的安全感，预防交通事故的车内部色调和装饰

长时间开车的职业司机和野蛮行驶的人通过汽车的颜色和汽车内部的颜色能在一定程度上有治疗的效果。最适当的颜色就是草绿色和蓝色，特别是如果混合使用白色、黑色和草绿色，精神抖擞，心情平和，对预防交通事故起到很大的帮助。

营造心理上的安全感所利用颜色的方法是根据阴阳五行不同颜色的调和而成。通过阴阳五行的木、火、土、金、水的颜色而相互协调的方法，让车装饰的颜色与人的体质相符。

讨厌让位的人应使用象征礼仪的木色作为基本色。另外，选用黑色（水）和红色（火）作为补充点缀。这是由于黑色象征智慧，而红色象征教养。黑色能理解他人，从而增加修养，而红色又能提供让这种素质表现的气运。

对经常闯红灯、超速等违反交通规则和专于暴力行驶的人来说应该使用象

征信赖的黄色（土）作为基本色。由于黄色能治愈喜欢玩虚弄假耍花招的毛病，因此可以提高对交通法则的适应能力，从而预防交通事故的发生。另外，可以使用红色和灰色作为补充色。

如果由于不听他人劝告或自己主观意识过强，虽然按原则行驶，但同时也破坏了交通的节奏。因此，要提高他们的灵活性，室内装修应简单而且单一。整体色调应为黑色，而且尽可能多使用柔和的装饰品，另外，室内放置柠檬香剂能收到意想不到的效果。

有的司机经常会和其他人发生口角，这种情况时使用草绿色打底，白色和黑色作为点缀的装修能很好的抑制急躁的性格。因为白色和黑色能压制热烈的气运，而草绿色能让司机理解对方。

产生安全感的色调

症状	治疗颜色
虚假、伪善	黄色、朱黄色
机会主义	草绿色、白色
缺乏灵活性	黑色、绿色
急躁	黑色、黄色
不安稳	蓝色、绿色
迟钝	红色、白色
利己心重	黑色、红色
神经过敏	黄色、米黄色
缺乏修养	草绿色、褐色
死气沉沉	红色、草绿色

职业特性和颜色

职业特性	颜色
需要创造精神	白色、黑色、草绿色
需要直观力	灰色、草绿色、红色
需要包容力	草绿色、蓝色、红色
需要忍耐力	蓝色、黄褐色、咖啡色
需要母爱精神	蓝色、黑色、黄色

提升职场运的风水
室内装修技术

谁都渴望成功。要想比别人更成功，首先，要确立正确的目标；其次，付诸实践；再次，不管中途遇到什么事情，都要坚持到底。

理应如此，可当真正遭受挫折时大部分的人都是会出现片刻犹豫，但是就这片刻犹豫便能带来截然不同的结果，这是因为决定人生命运往往就在于某一瞬间的判断。

这似是而非得的成功，我们应该做些什么，才能紧紧地将之抓在手中？如果能配合平时周围的气运，正确的处理偶尔降临在身边的机会，则能在事业上比他人更成功，更快出人头地。这是由于虽然风水之气看不见摸不着，但是它却时时刻刻在发挥作用。

那么，从现在开始一起了解办公室、书房、书桌的风水装修方法吧。现在机会是属于你的了！

*助事业成功的书房、办公室装修

事业、家都需要只属于自己的领域。而书房的气运能左右是幸运女神还是不幸之星的降临，因此务必要有正确的室内装修。为了使随时可能面临的瞬间判断不受到周围环境的影响，正确无误地下判断，如果条件允许，书房和办公室要尽可能宽敞。另外，家具和小物品等也要用心布置。

如果东面安装有窗，则最好在周围摆放TV，音响、电脑等。而且如果摆放红色的花或挂置画，能提升支配东面的力量和创造力，从而使直觉更敏锐。

南面安装窗是非常吉利的。另外，为了更好的休息和培养情调而设置阳台，更是锦上添花。而窗边如果摆放成对的绿色植物，周围摆放白色的桌椅，能加强对财物敏锐的直觉。

如果书房里摆放有鱼缸、枯花等，要立即转移到其他地方。地板应选用木色的木质产品，而地毯则选绿色最佳。

书桌最好放置在房间的中央。并在书桌两侧靠近墙壁的位置摆放具有保护自己意义的木制书橱。在书橱里摆放必要的书籍，而不是展示品。另外，摆放自己相片也是增强信心的一个好办法。

为了使书橱里书的气运简单化，最好在书橱上摆放圆叶的花草。这时如果让气流更持久，则要注意开关门时不要花太多时间。

如果在书桌后面挂置画，则最好选择自己很了解的人绘制的画像。风景画也是很不错的选择，但是最好是选择在东面挂置日出画，南面挂置夏天的风景画，西面挂置绘制葵花或金灿灿的平原风景画，而北面则挂置素净的白雪风景画。

如果卧室不是正方形或长方形，要特别注意房间的一角向室内伸出的情况。这会聚集漂浮在空中的凶气冲向自己，非常不吉利。同时还有可能会造成身体受痛苦折磨和由于强迫症而引起压力过重。这时要用高脚花瓶阻挡凶气或是调换书桌的位置。

*出人头地的书房装修

我们经常能看到这样的情况：虽然有的人外部条件十分充分，但在决定性的一刻却出人意料的发生不如意的事情，造成升职失败；而有的人看似外部条件不充分，却在紧要关头漂亮地解决问题，崭露头角，并乘胜追击获得升迁。当然这其中包含很多种因素，但很大程度上归咎于周围环境的好坏，即居住环境装修的问题。

从古至今，在风水上东北方向的门都被称为是鬼进进出出的鬼门，因此要特别留意。另外，作为鬼的后门的西南方向也要细心管理。因此，如果东北方向、西南方向出现问题，看不见的厄运会阻挡出世，成功路上备受阻碍。不过由于西北方向是男性力量和财运旺盛的方位，因此如果充分利用西北方向和东北方向的气运进行装修，则能保证事业上的飞黄腾达。

西北方向最好设计为家长或是自己使用的书房，内部颜色选暖色调系列最吉利。由于装饰柜和桌子能加强家长的能力，因此最好摆放奖杯和奖状，并时刻保持干净。另外，在窗和门的附近摆放高脚的绿色植物对事业上获得成功起到很好的作用。如果平时十分努力，而且性格完美，但却在升职考试期间由于突发事件或事故而影响升迁，这多半的原因是因为东北方向或西北方向设置有卫生间和浴室。因此，要特别注意不要让卫生间和浴室积水，而且要经常打开窗换气和使用排风扇将湿气排出。

书房的南面最好放置舒适的椅子和沙发，或摆放绿色植物。西面则挂置夏天大海的风景画和南国风情的画最吉利。

东面最好挂置圆形或八角形的钟，而西南方向则摆放设计简单而且插有红色或黄色花的花瓶。另外，东南方向最好摆放一对高脚的金属灯座。

有助成功的书桌摆放

C	D	E
B	I	F
A	H	G

●桌子的H部分设置为座位，桌子横纵各分三份，共九个区域。

- **A** 摆放与现在从事的职业有关的有重要价值的书和同行有关人士的书，如果是成功人士的事例集更佳。
- **B** 摆放木制相框的家人合影，或是新鲜的黄色花草。另外，摆放和现在的同事的合影也是不错的选择。
- **C** 摆放现金出纳簿、计算器等象征财物的物品。禁止摆放书架。
- **D** 摆放名片和商品目录、或是产品宣传单和刊登在报纸上的宣传照。
- **E** 摆放能放松心情的相片或物品，如果是大客户的礼物或是自己崇拜的人的相片更为吉利。台灯摆放在此最恰当不过了。
- **F** 摆放小孩的相片或发出清脆声音的钟。或是摆放能发出声音的物品、录音机也是不错的选择。（B位置如果摆放了家庭合影，则不宜摆放小孩的相片。）
- **G** 摆放客户住所簿，电话簿等联络方式记录本。如果有抽屉，则放置在抽屉里。
- **H** 摆放黑色或白色工作用的炉盘。
- **I** 在书桌下面看不见的地方粘贴土黄色或黄色宗教画。但由于绘制有水或树的画会对健康不利，所以要避免。

助事业成功的书房、办公室摆设

Consulting

1. 摆放能使书柜气运柔和的白色或黄色花草。
2. 摆放与现在从事的职业有关的书暨同行有关人士的书。
3. 摆放自己的相片或与工作有关的产品、物品。
4. 摆放能使书柜起运柔和的红色或淡紫色的花草。
5. 挂置画，如果是挂置自己熟悉的人绘制的画更好。
6. 如果是办公室，则放置接待用的椅子。
7. 桌子应摆放在门口朝前看时不能看见的对角线位置。
8. 安装百叶窗。
9. 摆放圆形的灯座或高脚绿色盆景。
10. 招待时自己坐的沙发。
11. 招待时客人坐的沙发。
12. 在门附近摆放绿色植物，能阻止外面的凶气入侵。

能出人头地的书房的摆设

Consulting

1. 西北方向摆放家长和自己使用的书桌。
2. 窗帘选粉红色系列的最佳。
3. 窗周围摆放高脚的绿色盆景能提升成功运。
4. 内部装修选暖色调系列吉利。
5. TV、音响摆放在东面。
6. 东南面摆放高脚金属灯座。
7. 为了更好的休息,在南面摆放椅子或沙发。
8. 在西南方向摆放红色、黄色、象牙色的花。
9. 为了提高能力,最好在书柜里摆放奖杯和奖状。
10. 书柜选圆形木制产品,摆放必要的书籍。

使气流顺畅的风水室内装修

最近，参禅、丹田呼吸、脑呼吸等与气有关的词在我们周围流行起来。但是这是通过与TV的东洋哲学相关的讲义达到流行高潮的说法并不正确，因为气在很早以前就已经出现在我们周围了。实际上我们一直生活在所了解的或是不了解的气支配之下。

在生活中我们经常会使用到心情糟糕、运气差、泄气、力气不足、抓狂、有活力等词语。如果保证这些和我们生活有紧密联系的气、气流的通畅，那么我们就能健康和睦地生活。

其实，气这一名词并不是只存在东洋字典里，在《圣经》"创世纪"第二章第七节里就有"上帝用泥做成人，然后往鼻孔里吹气，就形成了人"的记录。另外，在《约伯记》27章第3节里也记载道"我的生命是存在在我的鼻子里，而上帝的气运也存在在我的鼻子里。"

从此可见，气在很早以前就已经存在西洋人的意识里。那么从现在开始，我们一起了解使气流顺畅的风水室内装修吧。

*气是人的生命

气左右人的生命。气是支配人的性格、才能和行动方式等人的生活重要因素。灵魂从受孕开始就给子宫里的胎儿注入活力，而流经胎儿全身的气则决定婴儿的性格、智能、成长、习性和精神状态。

气通过生活在地球上的人表现出来各种形态。下面就一起看关于气的影响力的例子吧。

曾经，用医学无法解谜的"双胞胎"村一度成为热门话题。某双胞胎村1989年全村75家中有35家生了双胞胎。这被记录为史无前例的"双胞胎高出生率村"。

汉城的某一医科大学派遣调查团到这个村，经过各个方面的调查研究，最终发现其秘密就在村里的一口井里。追究其根源，从风水上看是由方向和气所决定的，因为35口双胞胎家的方向和家的构造都是一样的，而且双胞胎家庭的厨房都朝向双胎山。因此，这有可能是因为妇人经常干活的地方都朝向同一个方向，从而接收了这个方向传来的气运。

由社会原因所引起的职业病也和气有一定的关系。例如从事煤矿职业的人必然会受煤矿里的气所影响，从而身体的节奏被打乱，患上职业病。

*气的实体是什么

气可以解释为"呼吸"、"活力"等。由于它对宇宙万物都有影响，因而它是世上所有与能量有关事物的共同原理。

气是生命。这是因为人随着呼吸而思考、交流、活动。我们能思考，是因为我们的大脑受气的刺激；我们能活动，是因为我们的身体拥有活力；而我们能交流，则是因为气流带动了舌头的运动。因此，只有保持气在身体内的流通，才能维持健康。而如果气虚，则身体无法动弹，中风就是由气只流往一方所引起的疾病。

一般来说，体内气流通的原理不会改变，但其表现方式会根据具体情况而发生变化。有时气能保持良好的状态，但有时也会陷入低潮，而身体状况恰好与之有密切关系。因此，如果能将气调理顺畅，便能健康的生活。

风水活动对个人的气有一定的作用。如果灵活运用风水原理，在一定程度上能扫除阻挡健康、幸福和成功的障碍。当然这也是在一定的范围内，因为每个人从出生时就已经有些命中注定的成分，不过如果能将周围的气管理得当，即使是命运不是很好的人也能比命好的人过得幸福。如果将周围环境的气运有利的转向自己，则自身的气运将会变好。

风水的目标是在已定的情况下寻找最好的气运。那么，我们一起通过风水改变我们生活的环境，驱逐凶气，让好运充满我们健康幸福的生活吧。

*左右健康之气的地点——家里

即使是在家里不占多大空间的小地方也是生命生存的地点。因此象仓库、卫生间、浴室等这些地方很容易聚集凶气。

这些地方相对于其他地方对家人的健康有更大的影响力，因此，找到空间的中心位置相当重要。

要从房间的中心查看哪个方向是聚集气的地方。房间最重要最核心的部分就是房门，只要找到房门的位置，将之与自己出生的时间相比较，便能知道房门的位置是否和自己匹配。如果门处于好位置则气运更好；如果不是则要将之转为好的气运。

下面是出生时间和自己匹配的方向。

出生时间	从房间中心位置看
下午11时30分—早上1时29分（子时）	北面
早上1时30分—早上3时29分（丑时）	北面、东北
早上3时30分—早上5时29分（寅时）	东面、东北
早上5时30分—早上7时29分（卯时）	东面
早上7时30分—早上9时29分（辰时）	东南、东面
早上9时30分—早上11时29分（巳时）	南面、东南
早上11时30分—下午1时29分（午时）	南面、西南
下午1时30分—下午3时29分（未时）	南面
下午3时30分—下午5时29分（申时）	西南、西面
下午5时30分—下午7时29分（酉时）	西面
下午7时30分—下午9时29分（戌时）	西北、西面
下午9时30分—下午11时29分（亥时）	北面、西北

*公用空间的健康要点

不能按自己意愿改变的公共空间，比如说客厅、（大门）、卫生间等公共场所的气的中心点是由门的位置和空间的位置决定的。即如果是进出口太复杂或因放置家具造成进出困难的情况，则改为摆放小物品和进行集中照明，使阴阳调和。而东面和南面是朝阳方向，西面和北面是朝阴方向。

绿色植物的阴阳之分

阳：菊花、圆柏、柿子树、松树、观音竹、招财树、幸运树等

阴：无花果、benjamin、brassais actionhylla、monstera、dendrobium等

画的阴阳之分

阳：绘制春天或夏天的风景画、天空和太阳、山和草原、男性、大海、简洁的画、明亮的画

阴：绘制江和河川的画、绘制秋天和冬天的画、夜景、女性、绘制家具和室内的画、宗教画、暗色调的画

驱赶厄运的室内风水装修

厄运是指预料不到的凶祸灾厄。例如：白事口舌、孀妇丧子、离别、分居、天灾、突发事故、欺骗、偷盗、损财、火灾、水灾等等数不胜数。

韩国人对厄运尤其敏感。因此，每到年末就会举行庆祝"平安过了一年"的送年会，而且会在年初时查看土亭秘诀。这是对新一年的憧憬，也许也是担心厄运会将自己的好运赶走。在我们国家潜心研究多年的richard rut指出，像在这世上对待逆境和不幸能像韩国人这样反应激烈的民族已不多见了。

韩国人是一个意志坚强的民族，因此具有面对困难和不幸的坚忍不拔精神。山村路口的路标，山寺路口和具有神圣意义的山脚的小石堆，还有公园和游乐场等喷水池里的硬币都表现出韩国人的意志力，同时也表现了他们不论时间不论地点许愿的渴望。

*家里幸运和厄运流通的关键

如果从门廊往屋里看时首先看到的是镜子，则要将之转移到别处。由于好运有很强的反弹力，而厄运又有顽固的一面。因此从外面同时传进来的好运有可能会被镜子反射出去，而厄运倒是在一定程度上被留下来。

另外，由于好运碰到复杂难解的画会绕道而行，所以不宜挂置这类画，即使有花盆和重的装饰物支撑也不会有所改善。

下一步要观察家的东北和西南方向。因为东北和西南方向是鬼进出的方向，因此必须要保持干净。如果有沾染灰尘的干花、小孩乱写乱画弄脏的墙壁、垃圾桶也必须整理。因为细心的好运绝不会光临这些地方。

在周易八卦里，从门廊往屋里看，左边对角线点和右边对角线点是繁荣与爱光临的场所。如果是公寓，大部分的人会布置为仓库，因此堆积很多杂物。

要想驱逐厄运,则要保持仓库的清洁,而且要经常开门透气,这样繁荣昌盛的气运才会旺,加之家人全力以赴的努力便能成功。另外,爱情运也会提升,家人间相互信赖,会成为幸福美满的家庭。

*各场所驱逐厄运的风水装修关键

门廊:由于门廊是左右家整体气运的重要场所,因此如果用鞋架和双重门阻挡前方是不吉利的。

在门廊进出口挂置发出清脆声音的钟或风铃,进出时伴随清脆的声音能使家里充满好运。另外,挂置明亮的静物画和干净利落的风景画也是非常吉利的。需要注意一点:过于高档的垫子会使失去的比得到的多,因此要避免使用。

客厅:沙发不应正对门廊,因而最好背对摆放,最理想的摆放是沙发与门廊成对角线。沙发和椅子不应挡住窗。

年轻人如果使用过于厚重宏伟的沙发、桌子会沾染凶气,因此要避免。而沙发旁边如果摆放高脚灯,能预防与周围人的摩擦和争吵,使精神神清气爽。

如果在客厅里摆放散发香气的花或挂置绘花的画能使心情变好,幸福之感油然而生。但是从风水上看干花充满死的气运,非常的不吉利,因此要避免使用。

卧室:卧室是厄运和好运直接影响的场所,因此卧室要安排在最具有生机活力的地方。为了强调卧室的独立性而安排在偏僻的地方是极易招惹厄运的,非常凶恶。

床应摆放在偏离门口的地方,由于床不宜孤零零的摆放,因此务必要在床边摆放桌子。

枕头要避免使用黑色和深丹色。使用亮色的枕巾,头朝北睡能吸引好运到来。

厨房:家用产品的摆放最应该注意的是电冰箱和电子系列产品的位置。有人会摆放电子产品在小型电冰箱上,这是非常危险的。如果电冰箱和电子产品太近,会由于火气和冷气的冲突产生恶劣的反应。如果不得已要在电冰箱上摆放物品,则要在两者间用木板阻挡,而且在附近摆放绿色植物,这样便能驱逐凶气。

属于我的星座风水装修

附录

有关风水装修的一些问题
Q&A 40

为什么会莫名其妙的许多事情都聚在一起？
如何加深和相爱的人的关系？
年轻人热情减退的原因是什么？
这些问题的最主要原因就隐藏在居住环境里。
因此，一起分章解决风水上各种疑难问题吧！

必须知道的风水装修的运用
Q&A 10

很多人都认为风水非科学、迷信。那么，到底应该怎样理解风水呢？

　　风水最初是为了国家的繁荣，为了设立省和城市而选择最佳的地理位置发展而来的，因此应该理解为人们为了生活平安舒适而选择最佳地理位置的环境地理学。

如果实行风水室内装修，应该怎么做？

　　风水中阴阳调和相当重要。因此，在进行室内装修时要观察阴阳所占比重。如果感觉冰冷，则阴气过重；如果感觉温暖，则是阳气占上风。阴气过重的情况下则要补充阳气，同理，如果阳气过重，则要补充阴气。

水脉会对人体造成什么影响？

　　水脉不会散发超自然的气运，但是发出电磁波，而且传播速度很快，会对正在睡觉的人造成很大影响，因此应找到恰当的应对措施。一般来说，在床底垫置铜板便能躲开水脉的影响。

如果进行风水室内装修，要扔掉曾经用过的物品吗？

　　在风水里不存在绝对。有时选择不是最佳的方案倒是最正确的选择。不过房间如果选择突兀和粗略的物品会使气运下降，因此应处理掉。但素净色调的装修或用布和套作装饰也无妨。

全家福和名画哪一样更适宜风水？

　　全家福和名画各有用途，但风水室内装修的目标是使家人紧密团结在一起，共同提高生活质量。因此，理所当然在家用房里是挂置全家福更适宜。

风水室内装修何时才能见成效？

　　因人而异，有的一天便能见成效，但有的需要3年才有结果。不过一般来

说，都需要49至100天。即使不能立马见效，也不要感到不安、着急，应保持一颗平和的心耐心等待。

绿色植物在风水中起很重要的作用吗？

风水最基本的宗旨是让居住地和自然界融为一体。因此，绿色植物有很大帮助，特别是欣欣向荣，枝繁叶茂的植物更吉利。

用假花装饰也无妨吗？

用鲜花装饰最佳，其次是假花，这是由于假花相对而言生机较弱。使用假花作装饰时，含有香味或百花香的花能提升气运，实现目标。不过务必要在花瓶底部放置垫子。

室内装修需要全部统一吗？

不是。在风水装修里不会强调统一，注重的是整体的和谐。不同高度的家具、不同的黏合织物能够使气更通畅。另外，为了最大限度的发挥每个房间的功能，即使里屋选立式、客厅选日式、餐厅选欧洲风格的装修，只要能保持整体的均衡和协调，也可以说是理想的风水装修。

在家里陈列鹿、龟、猫头鹰、雄鹰等剥制动物气运如何？

非常不吉利。风水装修的目的是给活着的人带来好运，而死了的动物所散发的阴湿气运对人体有害，特别是会对孩子的成长造成障碍，这就与追求明亮肯定的气运的目标相违背。

关于恋爱运的疑难问题

Q&A 10

如何提升恋爱运的风水装修？

在床周围摆放新鲜的花，用恳切的心祈祷心爱的人出现。如果碰到了中意的对象，则在朝向对方居住的地方摆放电话和手机，而且将他的名字和相片摆放在东南方向。

希望通过介绍或联谊遇到心仪的对象，该如何做？

早上起来第一件事就是打开窗接收外面新鲜的空气，而且将自己用的随身携带品换成干净的。

从风水上看，运气好的人和运气差的人有差别吗？

一般来说，运气好的人笑起来阳光，而且着装干净整洁。但是运气差的人有很多不满，而且总觉得自己是对的。

自己一个人做事不错，可是和伴侣一起做事结果却不好，该怎么办？

在外部气运出入处的东北方向和西南方向鬼门，摆放伴侣的名字和相片，而且在东南方向摆放黄色小物品、石榴或绘制石榴的画。另外，在西北方向摆放粉红色物品也能获得很好的效果。

外貌、职业、学历、家庭环境等外部条件都非常完美，可至今却还没有男朋友。难道没有能提供帮助的风水室内装修吗？

浴室装修要和星座相符。浴室里的小物品应选黄色和桔黄色等华丽的颜色，照明应明亮。另外，沐浴后一定要将浴缸里的水排放干净。

只要一见到伴侣就会出现争吵，觉得所有的事情都很烦。身心疲惫，身体状况也每况愈下。这与风水有关系吗？

当然。风水室内装修左右人身心健康的吉凶，如果身心正处于不好的状态，影响力更明显。这时应将卧室的角落和床底打扫干净，而且在门廊里挂置钟，并保持干净，便能有很好的效果。

30大龄女性仍旧单身，为了结婚动用了风水装修等各种方法，可是却没有任何结果。是什么地方做得仍不足呢？

如果改变室内装修，仍旧没有改变运气，则要从外部寻求好运。首先要使用以金色为主的流行款。另外，在风水里，长的物品代表姻缘，因而在使用围巾、皮带、手提包时要尽可能选用长的。

为了寻求好姻缘已经经历了几段爱情，现在希望碰到一个真正值得爱的人，能实现吗？

在自己居住的卧室中心的东南、西北、北面摆放提升交际运和姻缘的白色、黄色、粉红色、红色等小物品做装饰。另外，随身物品也最好选用柔和的色调。

深受单相思之苦，真心希望能和自己喜欢的人拥有一份美好的感情，而且能够结婚。可是都说门廊在北面恋爱运不佳，而家的门廊正好在北面，这难道不会降低恋爱运吗？

北面是属于气运冷淡的方位，因此会熄灭爱情的火焰。可是坐落在北面的门廊并不是恋爱运很差的方位，只是相对于其他方位爱情的力量更弱。不过只要在门廊摆放花纹、粉红色和白色混合的花就能提升恋爱运。

虽然是新婚夫妇，可关系却很别扭。一般来说，增进夫妻感情的方法有穿情侣装，使用情侣戒指、情侣表等相似设计的物品，可是却觉得没有符合自己个性的类型。一定要用这样的产品才行吗？

虽然不一定要这样做，但是使用情侣物品的确是增进夫妻关系的有效办法。如果觉得不合适，只在伴侣重要的聚会上使用情侣物品，而平时则选择适合自己个性的产品也能提升夫妇的运气。

关于财运的疑难问题 Q&A 10

伴侣心太软，很难拒绝他人需要帮助的请求，因此很容易受人利用。而且会因为朋友和亲戚的几句甜言蜜语就把钱借出去，因此借债出去而无法收回往往会成为加深夫妻矛盾的原因。虽然性格无法改变，但是通过风水装修能有帮助吗？

如果不希望因为与钱有关的问题被人利用和被骗，则在东南方向、西北方向摆放草绿色的装饰品。如果是草绿色的宗教物品和其象征物更佳，放置象征财物的金色物品也很好，这是借助风水和宗教相关神的帮助的方法。

伴侣是营业职员，可是很奇怪的是很多次商谈完后想签订单却屡遭解约。最近面对一份决定命运的大合同，一直战战兢兢，害怕再次泡汤。难道没有什么好办法吗？

首先将房子西南方向、北面、东北方向杂乱的物品整理干净。另外，在床边挂置桔黄色的小物品和石榴，或是日出画，便能收获好结果。

因为同事的事情而苦恼不堪。有时他好像心情很好，可有时又像冰块一样冷冰冰。由于他摇摆不定的心情，彼此间的矛盾很多，做事也不能得心应手。该怎么办？

本人钱包和小物品应为象征阴阳和谐的物品。阴阳和谐能使精神安定，同时也不会因为他人的心情而一喜一悲。薰衣草和银色的物品最佳。

希望自己经济独立，加入上班族。首先希望改变风水室内装修，是否有提升事业运的好方法呢？

希望越大，失望就越大，所以应从简单的开始做起。门廊要经常打扫，保持干净，而且在门上挂置钟。另外，在客厅的东南方向安装空调或电风扇能提升交际运。刚开始从事的职业，在小物品上花费的精力应比在大物品上花费的精力多。

伴侣的理财一团糟，由于冲动购买花费过多。有没有能改变他（她）的风水秘诀？

在卧室的西面按比率摆放3件白色物品、2件黄色物品、1件蓝色物品。而且要检查下水道是否漏水。另外，注意平时也要将盥洗台的排水口堵上。

希望能将办公室搬迁到能提升交际运的地方。但是关于吉凶的方向，是从办公室的位置看呢，还是从自己居住的地方看？

如果能两面都考虑是最佳的。如果条件不允许，则从办公室所在地察看要搬迁的位置。

曾经从物质和精神上给予帮助的客户职员跳槽到别的公司。因为希望和他（她）继续深交下去，而采用摆放一起照的合影等各种风水装修。可是却没有任何效果，该怎么办呢？

如果过了一段时间仍没有效果，则应该考虑整理这段感情。为了邂逅更好的姻缘，应把和他（她）有关的相片和物品清除干净，而且重新寻找提升交际运的风水室内装修。这样便能遇到更好的人。

现在是和兄弟一起做生意。可是规模扩大的同时矛盾也加深了。难道没有能让各人都得到自己所想要独立的方法吗？

由于兄弟的桌子和办公室是面对面方向，所以要在中间摆放镜子。这样兄弟的气运和影响力会被镜子反射出去，不会直接受影响。这样彼此间的矛盾自然而然的会减少，最终都能找到自己想要的事业发展方向。

家的门廊和公司的大门都位于北面，有影响吗？

北面是象征财运的方位，因此非常吉利。但是如果管理不当，好运气也会转为坏运气，因此管理门廊和大门是非常必要的。而选择粉红色和白色花纹的款式能提升交际运。另外，应每天擦拭门廊、卧室入口和门。

夫妻两人一起在家里的二楼工作，希望能经营网上购物商城。因此，希望能将办公室改造为与风水相符的室内装修。但因住在一楼的长辈却不相信风水而苦恼不堪。那么，只考虑夫妻使用的二楼改造为与风水相符的装修行吗？

当然可以。如果只改造二楼，则要在上二楼的楼梯设置门廊。二楼部分则按照西面为与经营相关的气运，北面为与财运相关的气运，找到和自己、老公相符的星座风水室内装修的方法。

关于健康的疑难问题

Q&A 10

通过风水室内装修的气运能使身体健康，这真的有可能吗？

当然。风水是提升居住地的气运，给居住者带来好运的环境学。风水的效果能很快地反映在与健康相关的气运上。

一直认为，如果在风水装修的同时侍奉祖宗，家人便能健康幸福的生活。墓地和祠堂也很重要吗？

非常正确。最重要的一点是有侍奉祖宗的这份孝心。定期到墓地打扫干净，同时时刻怀有一颗感激的心，这样子孙们便能很容易实现自己的愿望。

在风水室内装修的观点里，能让人们生活美满的地理基准是什么？

让人们生活美满的最基本条件是处于冬天能阻挡强劲寒风的背山地，夏天能躲避炎热的靠水处，这样的地方就叫做背山依水。另外，如果日照充足、通风，那么最基本的条件已经充分了。

风水室内装修里，改变家具的位置和替换小物品就能获得好运、健康生活，这是真的吗？

当然。运气的好坏决定于环境，因此不能随心所欲地改造自己准备要搬入的家或办公室。现代意义的风水室内装修是在已有的条件里寻找最好的气运。为了风水就是为了健康的生活，提升居住地的气运。

人类要生存的最基本条件是解决衣食住的问题，从风水室内装修的角度看还有补充吗？

衣食住是指衣服、食物、居住地，这是人类生存最基本的三大要素。但现在增加了安宁这一选择项，而大部分的

人都会追求身心的舒适。这是和风水室内装修追求居住地安宁，使身心健康一脉相承的。

我是职业女性，希望在爱情和职场上都尽自己最大的努力，争取做好，但想这样做首先必须要身体健康。那么应该多注意家里哪一部分呢？

在家里支配健康的地方是厨房，因为厨房左右一个人的健康。厨房的风水装修秘诀是必须和使用者合拍，因此不用考虑金钱，只要按自己所喜欢的设计装修便能接收好运。

像内衣和袜子这些直接接触皮肤的物品也很重要，对吗？

在风水室内装修里强调卫生间和浴室的重要性是因为皮肤的过多暴露，这意思包含有由于内衣是直接接触皮肤的物品，所以与健康有直接联系。因此，材质、做工和放置点非常重要，内衣应放在通风的地方，而材质则选天然制品最佳。

在风水室内装修里，根据身体状况决定衣着打扮能给身体状况很大帮助，这是什么意思？

现代人作为社会存在体，很多时候是作为社会性动物，经常会随着别人的意志而生活，依赖于别人的意识而行动。这可以说是现代人更加关注别人的表现。所以适当的衣着打扮在给人以美感的同时，也给了自己美的享受。但是如果在情绪低下的时候，自己是很难做到这一点的。自己穿上最喜爱的某种颜色的衣服，能使心情转变，而且对于调节情绪也能起到帮助的作用，情绪好了，无疑有益于心身健康。

女性减肥和风水室内装修有关系吗？

当然。减肥有很多费心思的事情，因此最好用冷色调系列装修，让心情保持平静，而床单和床套选择青色和灰色系列对减肥有很大帮助。最应该注意的一点是室内，还有不要让浴室积水，这样便能收获好结果。

由于伴侣性急，彼此间经常发生争吵。听说在风水室内装修里头朝北睡可以获得水和火的气运，从而性格能恢复平静。但是又听说北面是死人睡觉时头朝向的方向，因此一直犹豫不决，迟迟未做决定，这真的没有关系吗？

俗话里常说，活着的人头朝南睡，而死人则头朝北睡。但是根据释迦牟尼和涅磐的理论头朝北睡也是可以的。就像朝北面眺望心情能获得平静一样，如果头朝北睡，便能接收好运，从而充分调节急性子。

图书在版编目（CIP）数据

属于我的星座风水装修 / （韩）李商仁著；程郑芬，刘茵译. — 长沙：湖南美术出版社，2010.8
　　ISBN 978-7-5356-3859-5

Ⅰ．①属… Ⅱ．①李… ②程… ③刘… Ⅲ．①星座－关系－住宅－室内装修②风水－关系－住宅－室内装修 Ⅳ．①TU767②B992.4

中国版本图书馆CIP数据核字（2010）第164668号

My Starsign Feng-shui Interior By Lee,Sang In 李 商 仁
Copyright ⓒ 2008 Lee,Sang In
ALL rights reserved
Simplified Chinese copyright ⓒ 2010 by SHENZHEN GOLD VERSION CULTURE DEVELOPMENT CO.,LTD
Simplified Chinese language edition arranged with Chang Hae Press through Eric Yang Agency Inc.

属于我的星座风水装修

著　　者：李商仁
译　　者：程郑芬　刘　茵
责任编辑：李　松
封面设计：朱小良
出版发行：湖南美术出版社
　　　　　（长沙市东二环一段622号）
经　　销：湖南省新华书店
印　　刷：深圳市佳信达印务有限公司
　　　　　（深圳市宝安区观澜观光路128号库坑路口广澜工业园）
开　　本：711×1016　1/32
印　　张：7
版　　次：2010年8月第1版　2010年8月第1次印刷
书　　号：ISBN 978-7-5356-3859-5
定　　价：45.00元

【版权所有，请勿翻印、转载】

邮购联系：0755-83476130　邮编：518000
网　　址：http://www.ch-jinban.com
电子邮箱：szjinban@163.com
如有倒装、破损、少页等印装质量问题，请与印刷厂联系调换。
联系电话：0755-81702556